普通高等教育艺术设计类专业规划教材

MAYA

动画制作

邹 明　主编　　　　马大勇　胡德强　副主编
王忠雅　主 审

 化学工业出版社

·北京·

本书通过精选的实例，由浅入深，介绍动画片的剧本、角色设定、分镜头设计，为角色的骨骼系统添加控制器、控制器设计驱动系统，对角色的骨骼控制器与身体建立"父子关系"，对角色的骨骼系统进行柔性和刚性蒙皮，设置表达式动画、批渲染等。本书对MAYA动画制作有一个系统的论述，从而使读者更好、更熟练地掌握应该如何制作动画。

本书可作为动画、游戏及数码媒体专业的高等院校教材，也可供广大动漫爱好者阅读和自学，还可以作为动画、游戏及数码媒体专业人士的参考书籍。

图书在版编目（CIP）数据

MAYA动画制作/邹明主编． —北京：化学工业出版社，2013.3
普通高等教育艺术设计类专业规划教材
ISBN 978-7-122-16391-2

Ⅰ.①M…　Ⅱ.①邹…　Ⅲ.①三维动画软件-高等学校-教材　Ⅳ.①TP391.41

中国版本图书馆CIP数据核字（2013）第011891号

责任编辑：李彦玲　　　　　　　　　　　文字编辑：丁建华
责任校对：陈　静　　　　　　　　　　　装帧设计：王晓宇

出版发行：化学工业出版社（北京市东城区青年湖南街13号　邮政编码100011）
印　　装：北京画中画印刷有限公司
787mm×1092mm　1/16　印张8¾　字数221千字　2013年5月北京第1版第1次印刷

购书咨询：010-64518888（传真：010-64519686）　　售后服务：010-64518899
网　　址：http://www.cip.com.cn
凡购买本书，如有缺损质量问题，本社销售中心负责调换。

定　　价：45.00元

本书是由在高校从事动画专业教学的一线教师编写，他们不仅具有丰富的教学经验，同时在指导学生制作动画作品过程中积累了丰富的实例制作经验。本书将通过精选的实例，由浅入深，绘编成书，奉献给广大读者。

希望通过本书，起到抛砖引玉的作用，使广大读者能够走进美轮美奂的动画天堂，逐渐地掌握动画的制作流程和制作技巧，为读者成长为真正的动画人奠定一定的基础。

本书是专为动画专业开发的，通过制作动画实例来深入理解动画的制作过程。从制作场景和角色的身体的各个部分到人物身上的各种配饰的动画，表现动画的制作技巧，并可以制作出完整的动画来，可以树立读者学习动画的自信心，从而避免了以往学习动画的过程中只学会了命令，但做不出好的动画短片。这种教学方式可以避免读者一进入动画的学习，就不得不面对众多繁杂的命令，学起来既费时又得不到理想的效果。本书实用价值极高，可以作为准备进入动画行业读者的学习工具书。也为各类培训机构、高等院校任职教师提供了大量的实例教程，为其教学提供了方便。

本书以作者多年的教学经验与实际工作为基础，从易学、实用、循序渐进的角度，通过实例来介绍如何创建骨骼、骨骼设定驱动、蒙皮和动作调整。对MAYA动画制作有一个系统的论述，从而使读者更好、更熟练地掌握应该如何制作动画。

除此之外，本书摈弃传统的理论讲解的模式，融入了数字化的实例操作，不仅让读者在艺术美学上有很好的设计理念及技巧，同时还结合数码制作方式，在电脑上很好地把设计者的意图用多种数字形式表现出来。数字的展现方式也是本书与众不同的特点之一。

本书由邹明任主编，马大勇、胡德强任副主编，王忠雅担任主审。在编写过程中得到各有关学校的大力支持，沈阳航空大学相关专业的多位师生参与各章节的编写、文稿的整理和校对等工作，沈阳建筑大学贾琼老师参与了项目二和项目三的编写工作。

虽然全体编者都以高度认真负责的态度参与编写工作，但因每位作者的实践经历有一定的局限性，因此书中疏漏和不妥之处在所难免，我们也由衷地希望各位读者、业内人员提出批评和指正，以使我们在将来的专业实践中得到改正，为我国动画行业的发展尽一点微薄之力。

编 者
2013年1月

目录
CONTENTS

项目一

动画短片《斗》概述

学习目标 | 了解动画短片《斗》的剧本、角色设定、分镜头设计等为接下来各种运动动画及镜头的设定奠定基础。

任务一 动画短片《斗》的剧本 `MAYA`

动画短片《斗》讲述的是一个幽默的小故事，角色"使者"数十年如一日研习武艺，只为夺取一罕见之物，一日，"使者"终于得知了心仪之物的下落，便只身一人夺取，经过一番惨烈的打斗后，"使者"终于夺得了此物，可是……

任务二 动画短片《斗》的分镜头剧本 `MAYA`

镜头1

时间：3.5秒

动作：角色"使者"从右侧入画跑入镜头前停住，回头张望，随即迅速跑开从左侧出画。

镜头：固定镜头。

镜头2

时间：4秒

动作：角色"强盗"从右侧入画扑向角色"使者"，随即迅速追向角色"使者"从左侧出画。

镜头：固定镜头。

镜头3

时间：2秒

动作：片名"斗"出现。

镜头：固定镜头。

镜头 4

时间： 2秒

动作： 片头隐黑，渐起出盘白。

镜头： 固定镜头。

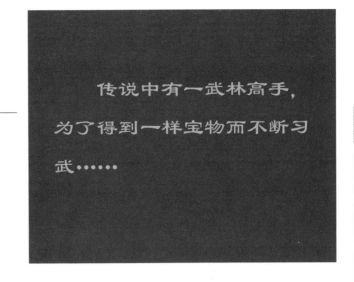

镜头 5

时间： 20秒

动作： 角色"使者"在潜心研习武功，角色"使者"在演示一系列打斗的动作。

镜头： 固定镜头。

镜头 6

时间： 2秒

动作： 镜头5隐黑，渐起出盘白。

镜头： 固定镜头。

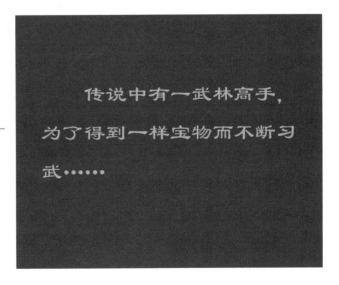

项目一
1
项目二
2
项目三
3
项目四
4
项目五
5
项目六
6
项目七
7
项目八
8
项目九
9
项目十
10
项目十一
11
项目十二
12
项目十三
13
项目十四
14
项目十五
15

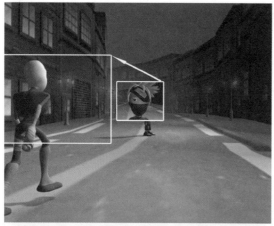

镜头 7

时间： 6秒

动作： 镜头6隐黑，渐起，角色"使者"在巷道中遭到"强盗"的堵截准备迎战。

镜头： 镜头从角色"使者"特写开始向后拉至"强盗"。

镜头 8

时间： 3秒

动作： 切镜头8，角色"使者"在巷道中与"强盗"打斗在一起。

镜头： 镜头从角色"使者"中景由左摇向右。

镜头 9

时间： 2.5秒

动作： 切镜头9，"强盗"由楼上从天而降，扑向角色"使者"。

镜头： 镜头从上向下摇至角色"使者"。

镜头10

时间：2秒

动作：切镜头10，角色"强盗"在巷道中亮相。

镜头：中景、仰视镜头。

镜头11

时间：0.5秒

动作：角色"强盗"踢向"使者"。

镜头：脚部特写。

镜头12

时间：0.5秒

动作：角色"使者"挥拳击向"强盗"脚部。

镜头：手部特写。

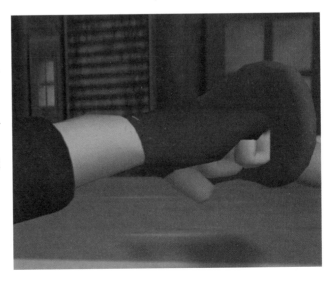

项目一 1
项目二 2
项目三 3
项目四 4
项目五 5
项目六 6
项目七 7
项目八 8
项目九 9
项目十 10
项目十一 11
项目十二 12
项目十三 13
项目十四 14
项目十五 15

镜头 13

时间：0.5秒

动作：角色"使者"向"强盗"招
手示意其继续。

镜头：中景。

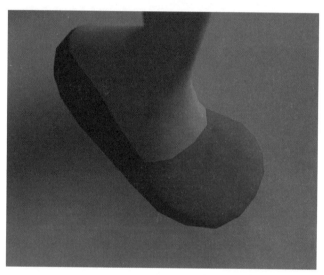

镜头 14

时间：0.5秒

动作："强盗"脚部被击中后，做
放松动作。

镜头：脚部特写。

镜头 15

时间：2秒

动作：角色"使者"双脚踢向
"强盗"。

镜头：中景，镜头围绕角色旋转。

项目二

角色"使者"的骨骼系统设定

学习目标 掌握设定角色骨骼系统的一种方法

工作任务 为角色"使者"设计一套骨骼系统

任务分析：骨骼系统是用于支撑并带动角色模型进行运动的，但是仅仅有骨骼还不能达到对角色动作的高效控制，还需要有IK工具对腿部、手臂等骨骼进行带动，就如同人体的骨骼与筋脉之间的关系一样。除此之外，在操作上为了方便选取腿部、手臂、躯干等部位的运动还需要对这些部位添加控制器。

相关知识：编辑骨骼和IK（反向动力学系统）的基本操作方法，以及骨骼的镜像等相关知识的运用。

具体步骤：

2.1 创建腿部骨骼系统 MAYA

2.1.1 腿部骨骼的创建

工具：设置骨骼工具。

方法：

（1）在菜单中选择File\Open Scene寻找角色模型所在的路径，将角色"使者"调出（图2-1、图2-2）。

（2）在界面左侧依次单击如图按钮新建层shizhe，并且双击图层为其命名为shizhe（图2-3、图2-4）。

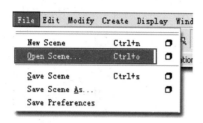

图2-1

图2-2

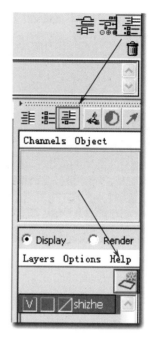

图2-3

（3）在图层属性当中单击层属性将其设为"T"可渲染模式，在此模式下，可以看到模型的线形，但是模型还不能被选择，为设置骨骼时参考模型提供了方便（图2-5、图2-6）。

图2-4

图2-5

图2-6

（4）① 在MAYA中的Animation（动画）模块下，选择Skeleton\Joint Tool（创建骨骼工具），单击该工具后的属性按钮，调出属性面板（图2-7）。

② 单击"Reset Tool"按钮将所有参数还原为默认，以避免出现带着已调节过属性的骨骼工具创建骨骼系统，并将Orientation设为xyz选项（图2-8）。

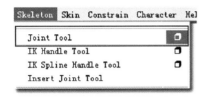

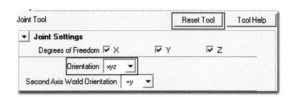

图2-7　　　　　　　　　　　　　　　　　图2-8

（5）在角色"使者"的模型侧视图中由髋关节、膝盖、踝关节、脚背和脚尖依次创建r_foot_kuan、r_foot_xi、r_foot_huai、r_foot_bei、r_foot_jian关节，按"↑"键将被选择骨骼由脚尖移至踝关节，从踝关节向下创建脚跟r_foot_gen，并按"Enter"键结束操作（图2-9）。

（6）在创建完骨骼后，要为每个骨骼命名。方法是选择要命名的骨骼，双击其属性面板为其命名（图2-10）。

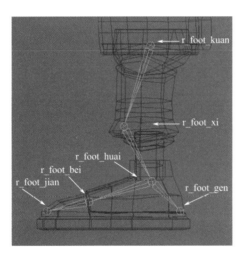

图2-9

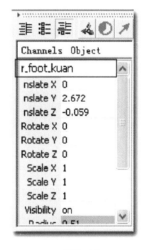

图2-10

> **注意**：在MAYA中骨骼都需要用英文来命名，养成用英文名的习惯，更便于在众多的骨骼中寻找和设置骨骼系统。

（7）按"W"键，切换到移动键，选择关节链中的根骨骼（髋关节r_foot_kuan），配合前视图和侧视图，将骨骼移动到模型的右腿位置，调节骨骼位置使其与角色"使者"的模型的关节位置相适合（图2-11）。

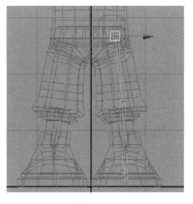

图2-11

2.1.2 建立角色"使者"腿部的IK系统

分析：仅有骨骼的连接还不能使骨骼之间相互带动进行运动，因此还需要有IK（反向动力学系统）将相关联的骨骼连接起来才能使骨骼相互带动进行运动，就如同人体的骨骼与筋脉的关系一样。

工具：设置IK工具 ，按"Shift"键加选、"G"键重复使用上次工具。

方法：

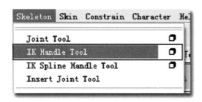

图2-12

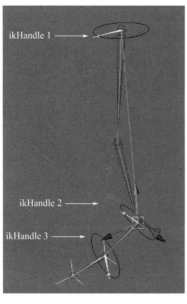

图2-13

（1）为腿部创建IK

选择Skeleton\IK handle Tool（创建IK手柄工具）为腿部创建IK（图2-12）。单击髋关节骨骼r_foot_kuan，以其作为起始关节，再单击踝关节骨骼r_foot_huai以其作为结束关节，创建腿部ikHandle1。用移动工具选择ikHandle1的手柄并移动可以看到运动效果。

（2）为脚背创建IK

按键盘上的"G"键（重复使用上次工具）继续创建IK，单击踝关节骨骼r_foot_huai，以其作为起始关节，再单击脚背的骨骼r_foot_bei以其作为结束关节，创建腿部ikHandle2。

（3）为脚趾创建IK

同样的方法，按键盘上的"G"键（重复使用上次工具）继续创建IK，单击脚背的骨骼r_foot_bei，以其作为起始关节，再单击脚尖的骨骼r_foot_jian以其作为结束关节，创建腿部ikHandle3（图2-13）。

2.1.3 为建立好的IK打组

分析：通过以上的学习，可以知道IK能够带动骨骼运动，但是已经设置好的IK的旋转方向，与人物腿部的旋转方向不同，需要重新设置。通过分析，人体的腿部的骨骼运动是这样的（图2-14）：

① 整个腿部可以围绕b点旋转；
② 脚部的脚掌与脚尖可以围绕b点旋转；
③ 整个腿部和脚部可以围绕c点旋转；
④ 整个腿部和脚部可以围绕d点旋转；
⑤ 整个腿部和脚部可以围绕a点旋转。

工具：Outliner视图大纲、打组设置。

方法：在分析了人体腿部的运动之后，需要把能够带动腿部骨骼进行运动的IK分成几部分，即为创建好的IK打组。

（1）选择Window\Outliner调出视图大纲，这里记录着当前界面中所有的元素列表，更便于对相关元素的调取（图2-15）。

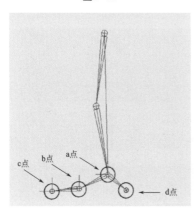

图2-14

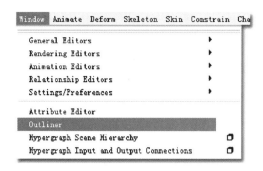

图2-15

（2）在视图大纲中，选择ikHandle1，按键盘"Ctrl"+"G"键，为ikHandle1打组为group1，将腿部IK组成独立的一部分（图2-16和图2-17）。

图2-16   图2-17

（3）在视图大纲中，选择ikHandle2，按键盘"Shift"键加选ikHandle3，按键盘"Ctrl"+"G"键，为ikHandle2+ikHandle3打组为group2，将脚背与脚尖IK组成可以一同控制的整体（图2-18和图2-19）。

图2-18   图2-19

（4）在视图大纲中，选择group1，加选group2，按键盘"Ctrl"+"G"键，为group1+group2打组为group3，将脚部与腿部的IK组成可以一同控制的整体（图2-20和图2-21）。

图2-20 　　　　　　　　　　　图2-21

（5）在视图大纲中，重复上次操作，选group3继续打组出group4、group5，将脚部与腿部的IK组成两个可以一同控制的整体（图2-22）。

将所有的打组情况展开（图2-23）。

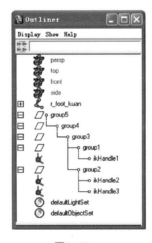

图2-22 　　　　　　　　　　　图2-23

2.1.4 为建立好的IK组设置旋转中心

分析：（1）将可以带动骨骼运动的IK组成了5组，下面需要对各个组IK围绕运动的中心点进行设置。以符合人物腿部骨骼的旋转。

（2）在Outliner（视图大纲）中选择group1，可以看到其坐标轴在其自身中间（图2-24），也就是说group1会围绕它自身的坐标轴进行旋转，这不符合腿部运动的规律，因此要将group1的旋转轴移动到b点（图2-25）。

（3）如果能将各个组的旋转中心都设置到需要的位置，那么就可以实现腿部骨骼的运动了。

工具：在MAYA中，为了方便选择，有几种快捷的选择方式。

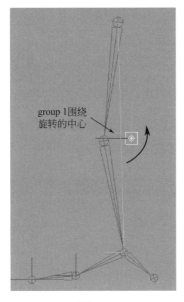

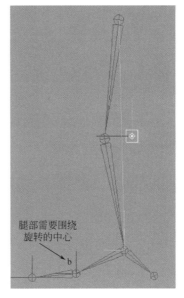

图2-24   图2-25

（1）设置坐标的中心。按"Insert"键，当光标变成▇样时，移动光标到相应的位置；

（2）按住"V"键将元素捕捉到点上🖰|；

（3）按住"C"键将元素捕捉到线上🖰|；

（4）按住"X"键将元素捕捉到坐标网格上🖰|。

方法：

（1）① 在Outliner（视图大纲）中选择group1；按"Insert"键，将坐标轴光标切换为可以移动状态（图2-26）。

② 按下键盘"V"键，选择坐标轴并将其拖拽到b点位置，并按"W"键确认（图2-27）。使腿部骨骼可以围绕脚掌进行运动（图2-28）。

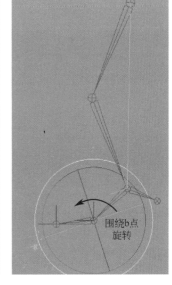

图2-26   图2-27   图2-28

（2）① 同样的方法，在 Outliner（视图大纲）中选择 group2；按"Insert"键，将坐标轴光标切换为可以移动状态。

② 按下键盘"V"键，选择坐标轴并将其拖拽到 b 点位置，并按"W"键确认。使脚部骨骼可以围绕脚掌进行翻转运动（图 2-29）。

（3）① 同样的方法，在 Outliner（视图大纲）中选择 group3；按"Insert"键，将坐标轴光标切换为可以移动状态。

② 按下键盘"V"键，选择坐标轴并将其拖拽到 c 点位置，并按"W"键确认。使腿部和脚部整个骨骼可以围绕脚尖进行运动（图 2-30）。

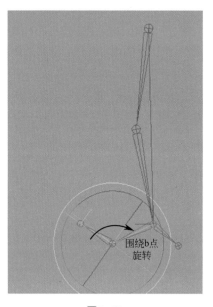

图 2-29

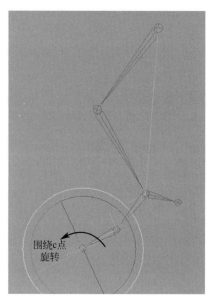

图 2-30

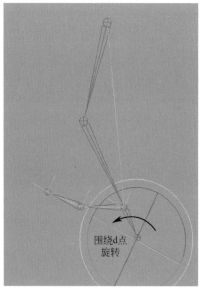

图 2-31

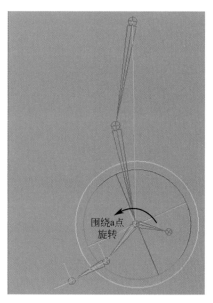

图 2-32

（4）① 同样的方法，在Outliner（视图大纲）中选择group4；按"Insert"键，将坐标轴光标切换为可以移动状态。

② 按下键盘"V"键，选择坐标轴并将其拖拽到d点位置，并按"W"键确认。使腿部和脚部整个骨骼可以围绕脚跟进行运动（图2-31）。

（5）① 同样的方法，在Outliner（视图大纲）中选择group5；按"Insert"键，将坐标轴光标切换为可以移动状态。

② 按下键盘"V"键，选择坐标轴并将其拖拽到a点位置，并按"W"键确认。使腿部和脚部整个骨骼可以围绕脚踝进行运动（图2-32）。

总结与评价

为了方便对于以上操作进行理解，可以参照图2-33的示意图进行操作。

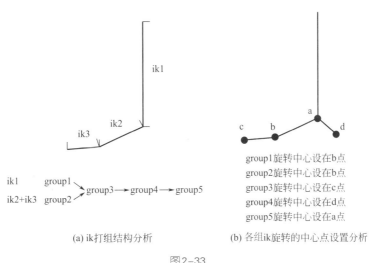

group1旋转中心设在b点
group2旋转中心设在b点
group3旋转中心设在c点
group4旋转中心设在d点
group5旋转中心设在a点

(a) ik打组结构分析　　　　　(b) 各组ik旋转的中心点设置分析

图2-33

2.1.5 将不可能出现的脚部旋转进行锁定

分析： 可以控制腿部骨骼的IK已经被分成了5组，同时也设定了这5组IK运动时可能围绕旋转的方向，但是有许多极度的方向是腿部骨骼部不可能出现的，如脚背的左右运动，因此就需要对一些方向进行锁定。

工具： 元素属性面板的锁定命令如图2-34和图2-35所示。

方法：

（1）将脚背不可能出现的旋转进行锁定

分析： 脚背这个骨骼点只能产生上下一个方向上的旋转，而其位移是由腿部控制，其缩放是不会产生的，因此，就需要将可以控制脚背的gruop1的位移、缩放等属性全部锁上，仅留下其在X轴方向上的旋转属性。

方法： 在Outliner中，选择gruop1，调出其属性，按"Ctrl"键依次选择TranslateX、TranslateY、TranslateZ、RotateY、RotateZ、ScaleX、ScaleY、ScaleZ、Visibility选项，按鼠标的右手键调出一个浮动面板选择Lock selected，将所选项锁上，将在这个轴向上不可能的运动属性锁上（图2-36）。

图2-34

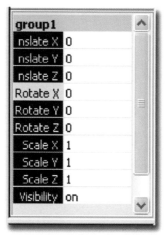
图2-35

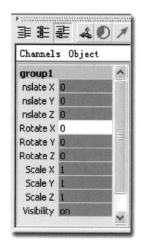
图2-36

（2）将脚趾不可能出现的旋转进行锁定

分析：脚趾这个骨骼点只能产生上下一个方向上的旋转，而其位移是由腿部控制，其缩放是不会产生的，因此，就需要将可以控制脚背的gruop2的位移、缩放等属性全部锁上，仅留下其在X轴方向上的旋转属性。

方法：在Outliner中，选择gruop2，调出其属性按"Ctrl"键依次选择TranslateX、TranslateY、TranslateZ、RotateY、RotateZ、ScaleX、ScaleY、ScaleZ、Visibility选项，按鼠标的右手键调出一个浮动面板选择Lock selected，将所选项锁上，将在这个轴向上不可能的运动属性锁上（图2-37）。

（3）将脚尖不可能出现的旋转进行锁定

分析：脚尖这个骨骼点只能产生上下、左、右三个方向上的旋转，而其位移是由腿部控制，其缩放是不会产生的，因此，就需要将可以控制脚背的gruop3的位移、缩放等属性全部锁上，仅留下其在X、Y、Z轴方向上的旋转属性。

方法：在Outliner中，选择gruop3，调出其属性按"Ctrl"键依次选择TranslateX、TranslateY、TranslateZ、ScaleX、ScaleY、ScaleZ、Visibility选项，按鼠标的右手键调出一个浮动面板选择Lock selected，将所选项锁上，将在这个轴向上不可能的运动属性锁上（图2-38）。

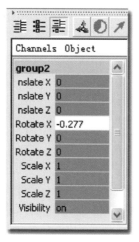
图2-37

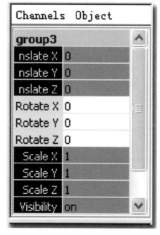
图2-38

（4）将脚跟不可能出现的旋转进行锁定

分析：脚跟这个骨骼点只能产生上下、左、右三个方向上的旋转，而其位移是由腿部控制，其缩放是不会产生的，因此，就需要将可以控制脚背的gruop4的位移、缩放等属性全部锁上，仅留下其在X、Y、Z轴方向上的旋转属性。

方法：在Outliner中，选择gruop4，调出其属性按"Ctrl"键依次选择TranslateX、TranslateY、TranslateZ、ScaleX、ScaleY、ScaleZ、Visibility选项，按鼠标的右手键调出一个浮动面板选择Lock selected，将所选项锁上，将在这个轴向上不可能的运动属性锁上（图2-39）。

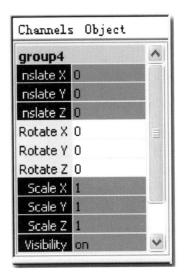

图2-39

（5）将脚踝不可能出现的旋转进行锁定

分析：踝关节这个骨骼点不仅能够产生上下、左、右三个方向上的旋转，而且可以控制腿部和脚部的位移，只有其缩放是不会产生的，因此，只需要将可以控制脚部和腿部的gruop5的缩放属性全部锁上。

方法：在Outliner中，选择gruop5，调出其属性按"Ctrl"键依次选择ScaleX、ScaleY、ScaleZ、Visibility选项，按鼠标的右手键调出一个浮动面板选择Lock selected，将所选项锁上，将在这个轴向上不可能的运动属性锁上（图2-40）。

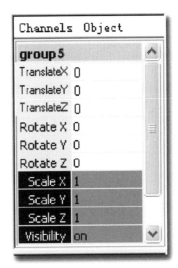

图2-40

2.1.6 用同样的方法设置另一只腿的骨骼

有了一只腿的骨骼系统以后，可以通过复制命令将另一只腿的骨骼复制。

（1）在Outliner视图大纲中按"Shift"键依次选择已经创建的腿部骨骼的所有元素（图2-41）。

（2）选择Edit\Duplicate Special（复制属性）后的属性按钮，调出复制属性，钩选Duplicate input connections（复制所有关联属性）选项，单击Apply（应用），将骨骼、IK、打组等属性一并复制（图2-42）。

图2-41

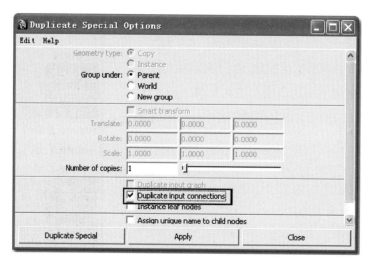

图2-42

（3）在复制出的骨骼被选择的情况下，按"W"键（移动），在前视图直接将另一只腿部骨骼拖拽到角色模型的另一侧，并调整位置（图2-43和图2-44）。

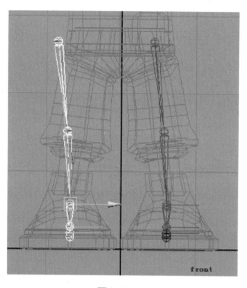

图2-43

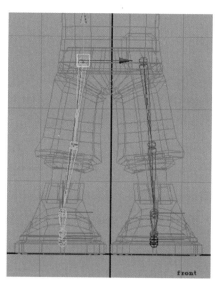

图2-44

2.2　盆骨骨骼的创建

方法：选择Skeleton\Joint Tool（关节创建工具），在弹出的面板中单击"Reset Tool"按钮，将所有的参数还原为默认值。在Joint settings 中将Orientation设为None，在侧视图中按照图2-45所示在盆骨位置向上创建一系列关节结构，并为各关节命名（图2-46）。

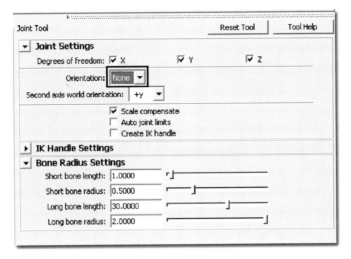

图2-45

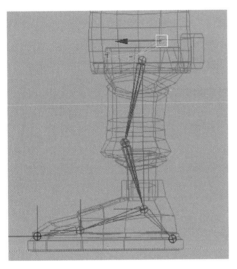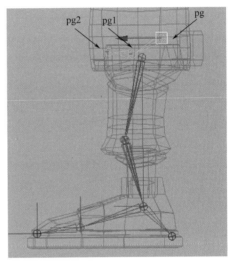

图2-46

2.3 将腿部骨骼与盆骨连接

分析：腿部骨骼的上下前后运动都是由盆骨控制的，因此需要由盆骨控制腿部骨骼的设置。这就需要建立"父子"关系工具。

工具：按"P"键，设置父子关系。在MAYA中可以对多种元素建立父子关系，父子关系是将两个元素分别设为父级别和子级别，先选的元素为父级别，后选的元素为子级别，父一级别的元素可以带动子一级别元素运动，但子一级别元素不能带动父一级别元素运动，子一级别的元素自身可以运动。

方法：（1）先选择腿部的髋关节骨骼，按"Shift"键，加选盆骨的骨骼（图2-47），然后按"P"键，将腿部骨骼与躯干骨骼建立父子关系（图2-48）。

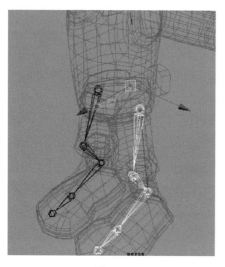

图2-47

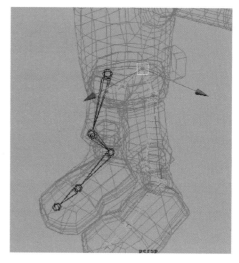

图2-48

（2）建立了"父子"关系之后，盆骨的骨骼就可以带动腿部一同运动了。

（3）用同样的方法将另一条骨骼和盆骨也建立父子关系（图2-49）。

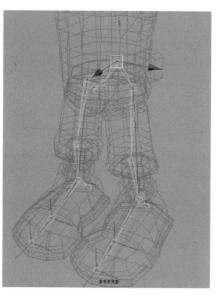

图2-49

2.4　躯干和头部骨骼的创建

方法：（1）选择Skeleton\Joint Tool（关节创建工具），在弹出的面板中单击"Reset

Tool"按钮，将所有的参数还原为默认值，在Joint Settings 中将 Orientation 设为 None。

（2）在 Joint Settings 中将 Orientation 设为 None，在侧视图中按照图2-50所示在盆骨根关节附近位置创建一系列关节结构，腰、脊椎、颈部、头、额头。按"↑"键（方法如设置脚跟的方法一样）到胸骨和颈骨显示高亮处，分别设置胸骨、上颚和下颚处骨骼，用于控制嘴部运动和支撑胸部。

（3）在正视图中调整骨骼的位置使其位于模型中间（图2-51）。

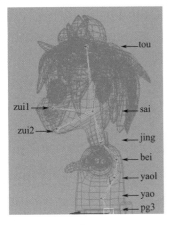

图2-50

图2-51

2.5　将躯干和盆骨的骨骼联合在一起

分析：将躯干与盆骨之间联合在一起，首先需要躯干部分与盆骨部分的根骨骼在空间位置上完全重合，另外，躯干部分的骨骼还需要在盆骨的根骨骼带动下一同运动，这就需要无论盆骨运动到哪里，躯干就运动到哪里，即由盆骨对躯干作点约束。

工具：（1）点捕捉，按键盘上的"V"键。

（2）在MAYA中，设计了几种约束方式（图2-52）。

① Constrain/Point（点约束），目的是使先选的元素永远约束在后选的元素所在点上。

② Constrain/Aim（目标约束），目的是使先选元素的方向永远指向后选的元素所在的位置上。

③ Constrain/Orient（方向约束），目的是使先选的元素运动方向永远指向后选的元素的运动方向上。

方法：（1）选择躯干的根骨骼pg3，按住"V"键，拖动躯干的根骨骼将其捕捉到盆骨的根骨骼pg这一点，目的是为了使两个根骨骼在空间位置上完全重合（图2-53）。

Constrain	Character	Help
Point		□
Aim		□
Orient		□
Scale		□
Parent		□
Geometry		□
Normal		□
Tangent		□
Pole Vector		□
Remove Target		□
Set Rest Position		
Modify Constrained Axis...		

图2-52

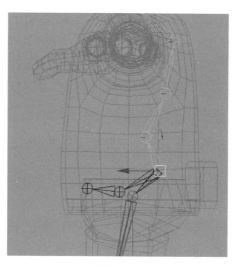

图2-53

　　（2）选择躯干的根骨骼pg3，按"Shift"加选盆骨的根骨骼pg，选择Constrain/Point（点约束）（图2-54）将躯干的根骨骼与盆骨的根骨骼进行点约束（图2-55）。这样无论盆骨骨骼pg3移动到什么地方，躯干的骨骼都会约束到盆骨这一点，那么只要移动盆骨就可以带动整个躯干运动了。

图2-54

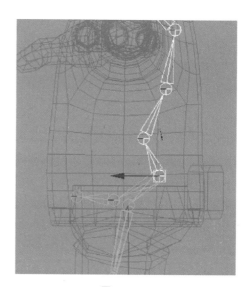

图2-55

2.6　手臂骨骼的创建

　　方法：（1）选择Skeleton\Joint Tool（关节创建工具），在弹出的面板中单击"Reset Tool"按钮，将所有的参数还原为默认值。在Joint Settings中将Orientation

设为None。在顶视图和正视图中找到肩膀的位置，并在顶视图中创建手臂骨骼，即依次为肩膀、肘关节、腕关节、手掌、拇指的两个关节，按"↑"键，至手掌再接着创建食指、无名指等。

（2）创建好手臂骨骼后，在顶视图中参照模型线调整肘部关节，将肘关节设置得稍稍弯曲（图2-56）。

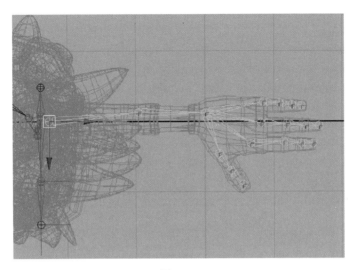

图2-56

（3）在正视图中参照模型线调整肘部关节，将肘关节设置得稍稍弯曲（图2-57）。

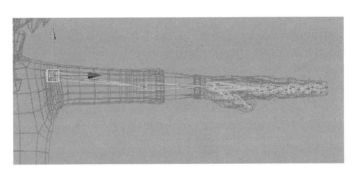

图2-57

（4）选择Skeleton\IK Hand Tool 单击肩膀骨骼和手腕骨骼为手臂加IK（图2-58）。

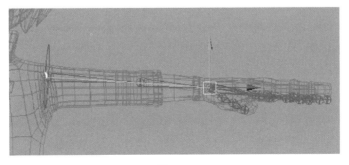

图2-58

2.7 将手臂与躯干连接

分析： 首先将手臂骨骼与胸骨之间建立父子关系，并且为手臂以胸骨自身为坐标轴建立镜像，这样就可以复制一个在对称位置上完全一致的手臂，如镜子中的倒影。

工具： 骨骼镜像命令（图2-59）。

方法：（1）先选择肩膀的根骨骼，按"Shift"键，加选胸骨的骨骼（图2-60），然后按"P"键，将手臂骨骼与躯干骨骼建立父子关系（图2-61）。

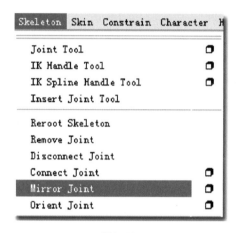

图2-59

图2-60

（2）选择手臂的根骨骼肩膀，执行Skeleton\Mirror Joint后的按钮（图2-62），调出Mirror Joint属性面板，选择Mirror across中的对称轴向（图2-63），对手臂的骨骼进行镜像（图2-64）。

图2-61

图2-62

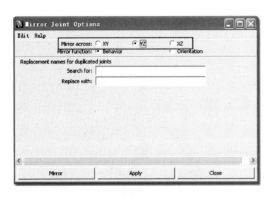

图2-63

图2-64

总结与评价

通过对项目一的实践与练习，可以更好地掌握MAYA中的角色骨骼系统的应用和对一些相关知识的了解，从而更好、更熟练地掌握应该如何对人物进行骨骼的设定（图2-65）。

图2-65

项目三

角色"使者"骨骼系统控制器添加

任务分析：角色"使者"的骨骼系统已经建立起来，但是对于腰部的旋转、头发模型随头部的运动、眼睛随头部运动和自身运动还不能很方便地控制，因此需要为其添加控制器。

相关知识："父子"关系的建立，约束命令的使用。

具体步骤：

3.1　为头发模型和眼球与头部骨骼建立父子关系

　　分析：由于头发的模型和眼睛的模型与身体的模型是分开的，因此，骨骼能够带动头部模型运动，但是不能带动头发和眼睛的模型运动，因此需要将头发的模型、眼睛的模型与头部的骨骼建立"父子"关系。

　　方法：选择头发模型，按"Shift"键，加选头部骨骼，按键盘上的"P"键，将头发模型与头部骨骼建立"父子"关系，这样当头部进行转动的时候就可以一并带动眼睛和头发运动了。

3.2 为眼睛添加控制器

分析：眼睛整体可以随头部运动了，但是眼球的转动还需要设计控制器。首先要建立一个物体，与眼球建立目标约束关系，这样眼球就可以随新建立的物体运动了，那么只要设置新建物体的运动就可以了。

工具：设置Loctor（空物体）。

方法：（1）在MAYA中，设计了一种空物体，空物体虽然具有实体物体的全部属性，但是又不能被渲染出来，这样既方便了对眼球的控制，同时又不能破坏动画效果。

（2）选择Creat\Loctor，这样在世界坐标中心就出现了绿色的星状物体（图3-1）。选择该物体，并命名为r_eye（图3-2）。

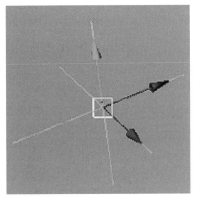

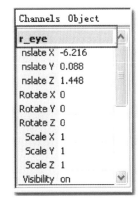

图3-1   图3-2

（3）配合正视图和侧视图并将其移动到眼睛的正前方（图3-3和图3-4）。

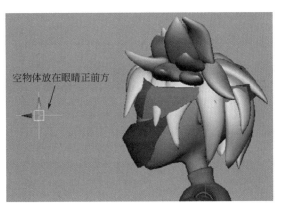

图3-3   图3-4

（4）选择Loctor（空物体），选择Modify\Freeze Transformations（图3-5），将Loctor（空物体）进行结冰处理，这时可以看到Loctor（空物体）的属性窗内的位移、旋转等属性全部归零了，这就便于对Loctor（空物体）的控制了（图3-6）。

图3-5

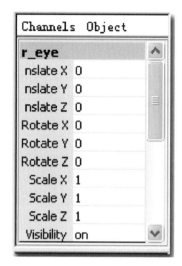

图3-6

（5）选择空物体r_eye，按"Shift"键，加选眼球（图3-7），执行Constrain/Aim（目标约束）对眼球进行目标约束，这样当调整空物体r_eye的时候，眼球就可以随着空物体运动了（图3-8）。

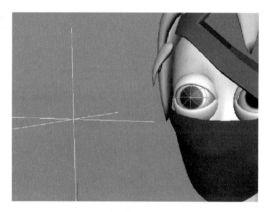

图3-7

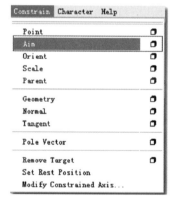

图3-8

（6）将另一只眼睛的控制器也照例创建。

注意：在执行目标约束之后，如果眼球中的瞳孔坐标与空物体r_eye之间的坐标不一致，那么，在进行目标约束之前，还需要对它们的坐标进行统一。

① 选择眼球，按"W"键，切换到移动工具，调出移动命令的属性。选择Move Setting\Move Axis\Objecte，将坐标轴设置到物体上（图3-9）。

② 观察空物体r_eye的前视方向为坐标Z轴方向，那么眼球的目标方向应该与被目标约束的物体前视方向一致，因此在进行目标约束之前需要对其进行轴向设定（图3-10）。

③ 选择空物体r_eye，按"Shift"键，加选眼球，选择Constrain\Aim（目标约束）后的按钮，调出目标约束的属性面板，单击Apply，观察其轴向，瞳孔的方向是向下的，眼球向上的方向指向了目标前方，这与眼球的目标方向不一致需要重新设置。

④ 瞳孔当前所在的轴向如果是Z轴，那么将目标约束的属性面板中在Aim Vector上的Z坐标设为1，眼球向上方的轴向应该为Y轴，那么将Up Vector上Y坐标设为1（图3-11和图3-12）。

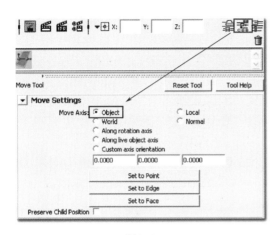

图3-9

图3-10

图3-11

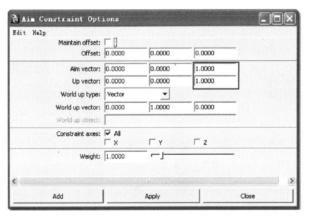

图3-12

3.3　为腿部添加控制器

（1）为膝盖添加控制器

分析： 在设置腿部的骨骼系统的时候，对其各个方向的旋转都作了设定，但是，膝盖并没有设定，人物的膝盖是可以左右独立运动的，可以通过对其设置控制器来控制它的运动。

方法： ① 选择Creat\Loctor，建立一个Loctor（空物体），并为其命名r_xi_ctrl，选择该物体，配合正视图和侧视图将其移动到膝盖的正前方（图3-13）。

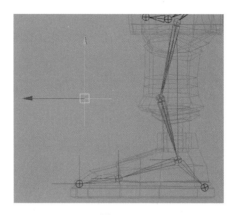

图3-13

② 选择空物体r_xi_ctrl，按"Shift"键，加选腿部的ikHandle 1（图3-14），执行 Constrain\Pole Vector（极向量约束）（图3-15）。

图3-14   图3-15

③ 当选择该Loctor（空物体）进行运动的时候，可以看到膝盖会随之运动（图3-16）。

④ 为另一只膝盖也设置一个控制器命名为l_xi_ctrl（图3-17）。

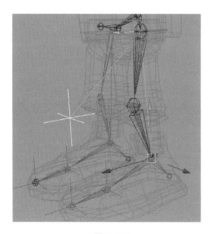

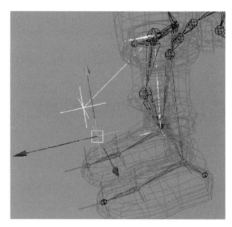

图3-16   图3-17

（2）为控制腿部的IK组添加控制器

分析：为腿部的骨骼系统设置的IK组，可以控制脚部各个环节和腿部的旋转运动，但是，整条腿的运动需要同时选中各个IK组才能完成，这样就为制作动画带来不便，因此，要为其设计一个控制器。

工具：建立文字曲线；设置"父子"关系。

方法：① 选择Creat\Text，建立一个r曲线（图3-18），并命名为r_foot_ctrl，选择该r_foot_ctrl配合正视图和侧视图将其移动到脚跟的正后面（用曲线作为控制器既具有空物体的特点，同时又可以与众多空物体相区别，见图3-19）。

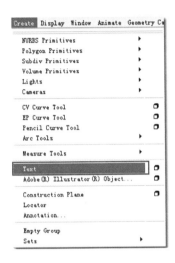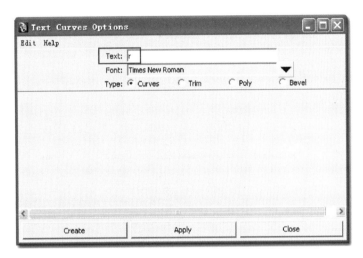

图3-18

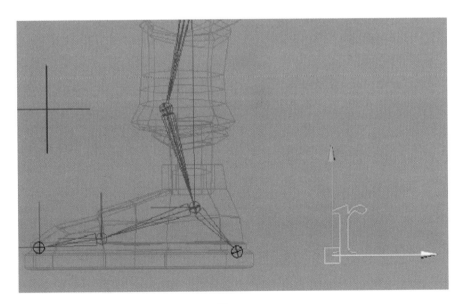

图3-19

② 在Outliner（视图大纲）中，选择腿部的IK组group5（图3-20）。

按"Shift"键，加选r_foot_ctrl。按"P"键，执行"父子"关系操作（图3-21）。

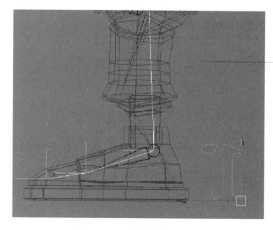

图3-20   图3-21

③ 当选择该r_foot_ctrl进行运动的时候，可以看到整个腿部都会随之运动（图3-22）。

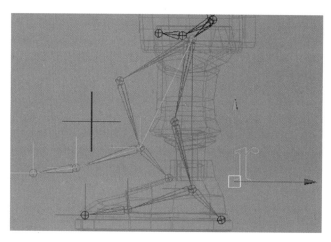

图3-22

④ 用同样的方法，用曲线L，为另一只腿也设置控制器，并命名为l_foot_ctrl（图3-23）。

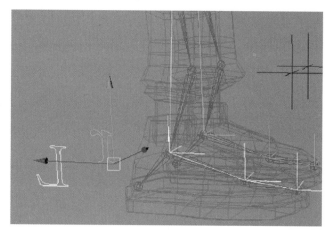

图3-23

（3）将腿部控制器与膝盖控制器建立父子关系

分析： 当腿部控制器在带动腿部骨骼运动的时候，控制膝盖的控制器并没有随腿部一起动，因此还需将腿部的控制器与膝盖的控制器建立"父子"关系。

工具： 设置"父子"关系。

方法： ① 选择膝盖的控制器r_xi_ctrl，按"Shift"键，加选腿部的控制器l_foot_ctrl。按"P"键，执行"父子"关系操作。

② 用同样的方法为另一只腿也设置控制器。

总结与评价

腿部的各种控制关系较为复杂，为了方便理解，可以参照以下的腿部控制关系略图帮助理解（图3-24）。

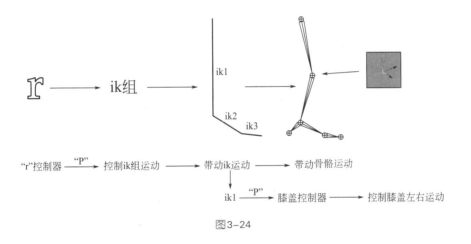

图3-24

3.4 为肘关节添加控制器

分析： 人物的肘关节是可以左右独立运动的，可以通过对其设置控制器来控制它的运动。

方法：（1）选择Creat\Loctor，建立一个Loctor（空物体），并命名为r_zhou_ctrl，选择该物体，配合正视图和侧视图将其移动到肘关节的正后方（图3-25）。

（2）选择r_zhou_ctrl，按"Shift"键，加选手臂的ikHandle 1。执行Constrain\Pole Vector（极向量约束）（图3-26）。

（3）当选择该r_zhou_ctrl进行运动的时候，可以看到肘关节会随之运动。

（4）同样的方法，为另一只肘关节也设置一个控制器l_zhou_ctrl。

项目一 1
项目二 2
项目三 3
项目四 4
项目五 5
项目六 6
项目七 7
项目八 8
项目九 9
项目十 10
项目十一 11
项目十二 12
项目十三 13
项目十四 14
项目十五 15

图3-25

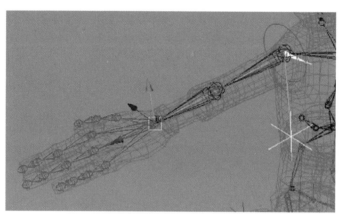

图3-26

3.5 为上半身的旋转添加控制器

分析：人物的上半身的旋转可以通过旋转胸部骨骼实现，但是如果骨骼被蒙上了模型对于胸部骨骼的选取就非常不方便，因此要为其设计控制器。

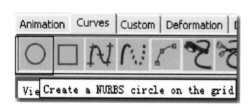

图3-27

方法：（1）选择快捷图标Curves\Create NURBS Circle创建圆形曲线，把它命名为 xiong_ctrl（因为用NURBS曲线作为控制器，如同用空物体一样不能被渲染出来）（图3-27）。

（2）选择曲线将其缩放到与角色胸部相当的大小，同时配合其他视图将其移动到相应位置（图3-28）。

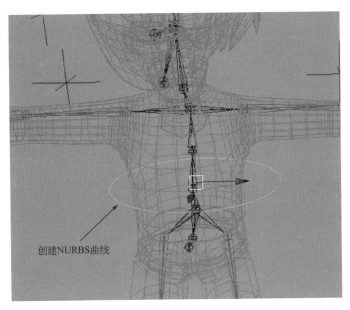

创建NURBS曲线

图3-28

（3）选择圆形曲线，按"Shift"键，加选胸部骨骼（图3-29），执行Constrain\Parent（父子约束），这样胸部的骨骼即上半身的骨骼就可以随着圆形曲线的旋转、位移运动了（图3-30）。

图3-29

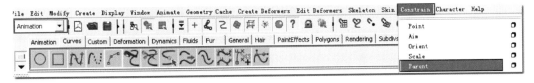

图3-30

3.6 为角色的盆骨骨骼添加控制器

分析：由于设置的骨骼系统中，盆骨的骨骼是带动全身骨骼系统的根骨骼，因此选取盆骨的骨骼就可以控制躯干、手臂等进行位移、旋转等运动，但是如果骨骼被蒙上了模型对于盆骨骨骼的选取就非常不方便，因此要为其设计控制器。

方法：（1）选择Creat\Text，建立一个Y曲线，并命名为yao_ctrl，选择该曲线yao_ctrl配合正视图和侧视图将其移动到腰部的正后面（图3-31）。

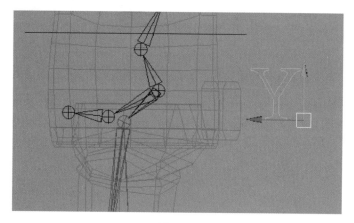

图3-31

（2）选择盆骨骨骼yao，按"Shift"键，加选曲线yao_ctrl，按"P"键，这样整个身体的骨骼系统就可以随着圆形曲线的旋转、位移运动了（图3-32）。

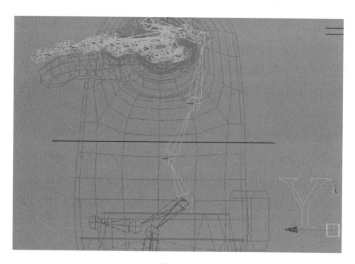

图3-32

（3）但是当移动圆形曲线yao_ctrl的时候，会发现曲线yao_ctrl的运动与曲线xiong_ctrl的运动不同步，这就需要将曲线yao_ctrl与曲线xiong_ctrl建立父子关系（图3-33）。

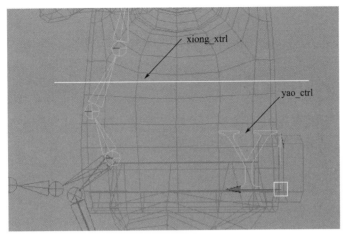

图3-33

（4）选择曲线yao_ctrl，按"Shift"键，加选曲线xiong_ctrl（图3-34），按"P"键，执行父子关系，这样控制胸部骨骼的曲线xiong_ctrl就可以随着控制腰部的曲线yao_ctrl运动了。

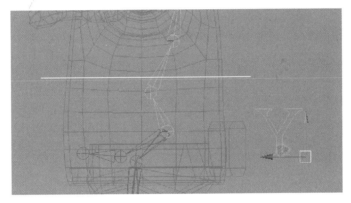

图3-34

总结与评价 ➡

通过对该项目的实践与练习，可以掌握驱动的设置和作用。

项目四

角色 "使者" 手部、脚部骨骼驱动系统设计

🎧 **学习目标** 掌握设定驱动动画的方法

🎧 **工作任务** 为角色 "使者" 设计手部、脚部的驱动系统

任务分析： 角色手部骨骼的运动是非常复杂的，对于其骨骼的设定需要通过为其设置驱动，以达到控制手部骨骼的目的。

相关知识： 掌握驱动动画的基本原理和设置方法，利用驱动动画为手部骨骼设置驱动系统。

具体步骤：

4.1 设置手腕旋转的驱动系统

4.1.1 设置手腕旋转的控制器 wan1_ctrl

分析： 控制器的设置在之前的讲解中已经介绍过，只要设置一个CP曲线或空物体就可以实现了，在这里设计一个圆形曲线。

工具： 创建圆形曲线工具。

方法：（1）选择快捷图标Curves\Create NU-RBS Circle创建圆形曲线，把它命名为wan1_ctrl（图4-1）。

（2）选择曲线调整其大小，同时配合其他视图将其移动到手臂的相应位置（图4-2）。

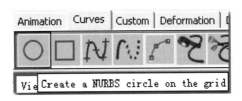

图4-1

4.1.2 为控制手腕旋转的控制器wan1_ctrl 添加新属性

分析： 控制器wan1_ctrl的属性有X、Y、Z方向的移动、旋转、缩放等，但是为了使控制器的属性能够控制手腕运动的属性，同时又不会使wan1_ctrl的移动、旋转、缩放等属性发生改变，就需要为其新加一个属性，该属性应该只是一个数值空间，在其改变时其移动、旋转、缩放等属性不会发生变化。

工具： Add Attribute增加属性面板。

方法：（1）选择控制器wan1_ctrl，执行Modify\Add Attribute调出Add Attribute面板（图4-3），为控制器wan1_ctrl添加移动、旋转、缩放之外的属性。

（2）在Add Attribute面板中，设置如下参数，设Attribute Name为Wo；Minimun为-10；Maximun为10；Default为0；单击"OK"（图4-4）。

（3）设置之后可以看到控制器wan1_ctrl的属性中会出现一个Wo的属性（图4-5）。

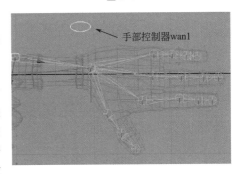

手部控制器wan1

图4-2

图4-3

图4-4

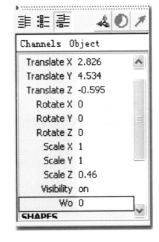

图4-5

4.1.3 将控制器wan1_ctrl调入驱动，手腕调入被驱动

分析： 驱动动画的实质是用一个物体的某一属性去驱动另一个物体的某一属性。为手臂设置控制器就是用控制器wan1_ctrl中新加的属性Wo驱动手腕骨骼的旋转属性。

方法：（1）选择Animate/Set Driven Key/Set，调出Set Driven Key面板（图4-6）。

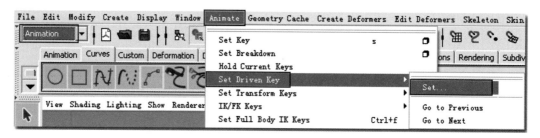

图4-6

（2）在Set Driven Key面板中Driver下的空白为调入驱动物体属性的位置，Driven下的空白为调入被驱动物体属性的位置（图4-7）。

图4-7

（3）选择控制器wan1_ctrl单击Set Driven Key面板中的Load Driver调入驱动（图4-8）。

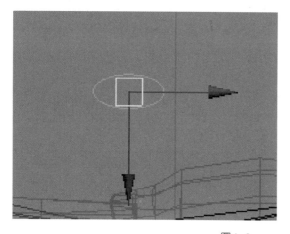

图4-8

（4）选择手腕骨骼 wan 单击 Set Driven Key 面板中的 Load Driven 调入被驱动（图 4-9）。

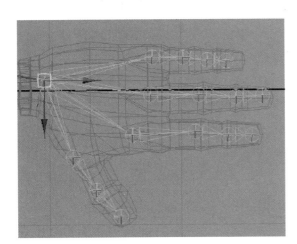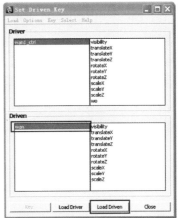

图 4-9

4.1.4 将控制器 wan1_ctrl 设置驱动，手腕设置被驱动

分析：驱动动画的实质是用一个物体的某一属性去驱动另一个物体的某一属性。下面就是用手腕控制器 wan1_ctrl 中新加的属性 Wo（-10 ～ 0 ～ 10）驱动手腕骨骼 wan 的 Rotate 旋转属性。

方法：（1）在 Set Driven Key 面板中：

① 依次单击激活 Driver 下的 wan1_ctrl →属性 Wo →将属性面板中 Wo 的值设为 0，回车（图 4-10）；

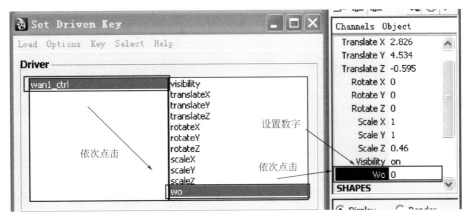

图 4-10

② 依次单击激活 Driven 下的 wan → rotateX →将属性面板中 rotateX 的值设为固定的数值，即使手部骨骼保持不动时设置关键帧（图 4-11）。

如手部骨骼在没有旋转的位置上设置了关键帧（图 4-12）。

MAYA
动画制作

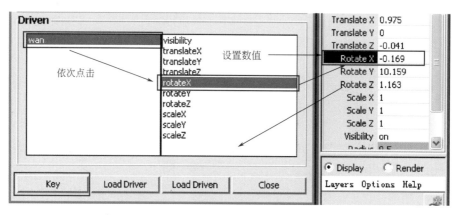

图4-11

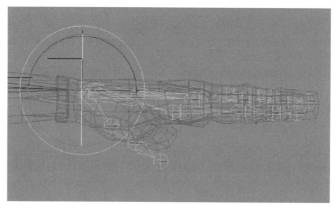

图4-12

（2）在Set Driven Key面板中：

① 依次单击激活Driver下的wan1_ctrl→属性Wo→将属性面板中Wo的值设为10，回车
（图4-13）；

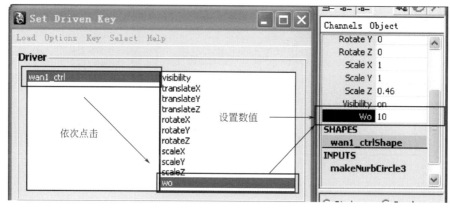

图4-13

② 依次单击激活Driven下的wan→rotateX→将属性面板中rotateX的值设为一定角度或
直接在视窗中将手臂旋转为一定角度（图4-14），单击"Key"；或直接在视窗中将手臂旋转

为一定角度（如图4-15），单击"Key"。

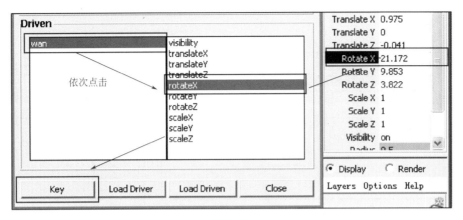

图4-14

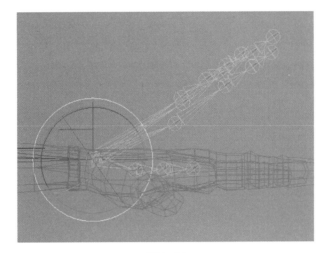

图4-15

（3）在Set Driven Key面板中：

① 依次单击激活Driver下的wan1_ctrl→属性Wo→将属性面板中Wo的值设为-10，回车（图4-16）；

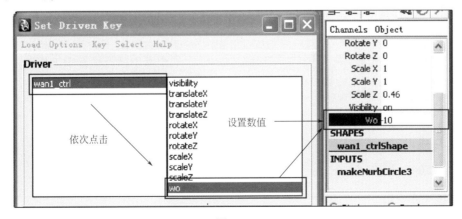

图4-16

② 依次单击激活Driven下的wan→rotateX→将属性面板中rotateX的值设为一定角度或直接在视窗中将手臂旋转为一定角度（图4–17），单击"Key"；这样当手臂的控制器wan1_ctrl在属性为（–10 ~ 0 ~ 10）区间进行变化时，手臂就可以运动了（如图4–18）。

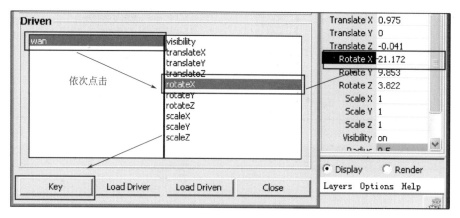

图4–17

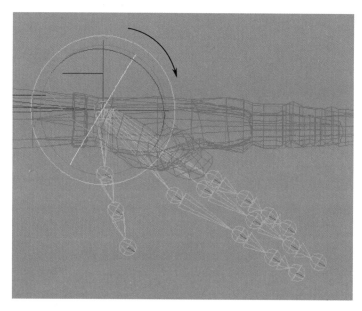

图4–18

（4）选择手臂控制器wan1_ctrl中新加的属性Wo，在界面中按住鼠标中键拖动，可以检测到手腕运动，当属性Wo的数值在–10 ~ 10变化时，手腕在运动。

4.2 设置另一只手腕旋转的驱动系统

与4.1节同理。

分析：在前面已经讲解了为手腕控制器wan1_ctrl和手腕骨骼设置驱动和被驱动的知识，由此可以知道为手指和手指控制器设置被驱动和驱动器道理也是一样的，即：

① 设计手指驱动器；

② 为驱动器增加一个属性；

③ 将手指驱动器的新增属性设为驱动；

④ 将手指设为被驱动；

⑤ 调整用驱动器驱动手指向中心的旋转。

具体步骤：

4.3.1 设置手指向中心旋转的控制器r_shouzhi_ctrl

分析：控制器的设置在之前的讲解中已经介绍过，只要设置一个CP曲线或空物体就可以实现了，在这里设计一个曲线字母"H"（为了与手腕的圆形控制器相区别）。

工具：创建线字母工具。

方法：（1）选择快捷图标Create\Text调出Text Create Options面板在Text中写入"H"单击Apply创建字母曲线，把它命名为r_shouzhi_ctrl（图4-19）。

（2）选择曲线调整其大小，同时配合其他视图将其移动到手部便于控制的位置（图4-20）。

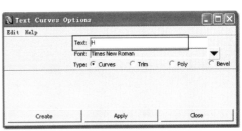

图4-19

4.3.2 为控制手指旋转的控制器r_shouzhi_ctrl添加新属性

分析：控制器r_shouzhi_ctrl的属性有X、Y、Z方向的移动、旋转、缩放等属性，但是为了使控制器的属性能够控制手腕指向中心旋转运动的属性，同时又不会使r_shouzhi_ctrl的移动、旋转、缩放等属性发生改变，就需要为其新加一个属性，该属性应该只是一个数值区间，在其改变时其移动、旋转、缩放等属性不会发生变化。

工具：Add Attribute增加属性面板。

方法：（1）选择控制器r_shouzhi_ctrl，执行Modify\Add Attribute调出Add Attribute面板，为控制器r_shouzhi_ctrl添加移动、旋转、缩放之外的属性（图4-21）。

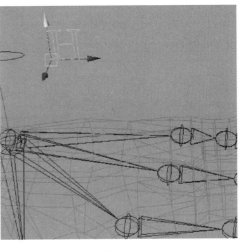

图4-20

（2）在Add Attribute面板中，设置如下参数，设Attribute Name 为 Zhi；Minimun 为 10；Maximun 为 –10；Default 为 0；单击"OK"（图4-22)。

（3）设置之后可以看到控制器r_shouzhi_ctrl的属性中会出现一个Zhi的属性（图4-23)。

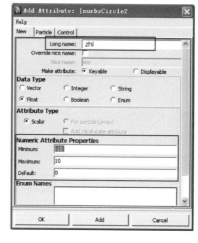
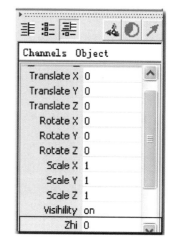

图4-21   图4-22   图4-23

4.3.3　将控制器r_shouzhi_ctrl调入驱动，手指调入被驱动

分析：驱动动画的实质是用一个物体的某一属性去驱动另一个物体的某一属性。为手臂设置控制器就是用控制器r_shouzhi_ctrl中新加的属性Zhi驱动手指骨骼r_shouzhi1、r_shouzhi2、r_shouzhi3、r_shouzhi4的旋转属性。

方法：（1）选择Animate/Set Driven Key/Set，调出Set Driven Key面板（图4-24)。

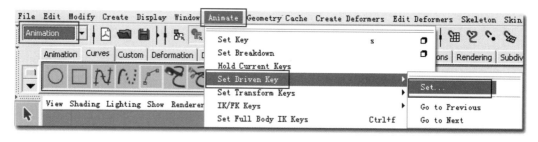

图4-24

（2）在Set Driven Key面板中Driver下的空白为调入驱动物体属性的位置，Driven下的空白为调入被驱动物体属性的位置（图4-25)。

（3）选择控制器r_shouzhi_ctrl单击Set Driven Key面板中的Load Driver调入驱动。

（4）选择手指骨骼r_shouzhi1、r_shouzhi2、r_shouzhi3、r_shouzhi4单击Set Driven Key面板中的Load Driven调入被驱动（图4-26)。

图4-25

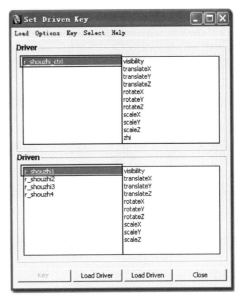

图4-26

4.3.4 将控制器r_shouzhi_ctrl设置驱动，手指的根骨骼设置被驱动

分析：驱动动画的实质是用一个物体的某一属性去驱动另一个物体的某一属性。下面就是将手指控制器r_shouzhi_ctrl中新加的属性Zhi（-10 ~ 0 ~ 10）驱动手腕骨骼r_shouzhi1、r_shouzhi2、r_shouzhi3、r_shouzhi4的旋转属性。

方法：（1）在Set Driven Key面板中：

① 依次单击激活Driver下的r_shouzhi_ctrl→属性Zhi→将属性面板中Zhi的值设为-10，回车（图4-27）。

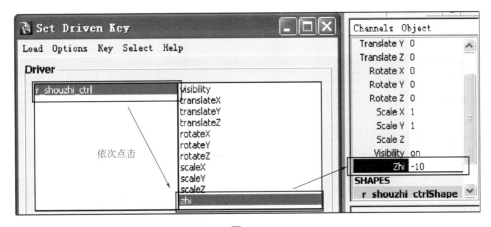

图4-27

② 依次单击激活Driven下的手指骨骼r_shouzhi1、r_shouzhi2、r_shouzhi3→rotateZ→将属性面板中rotateZ的值设为手指旋转的一定角度，单击"Key"键（图4-28、图4-29）。

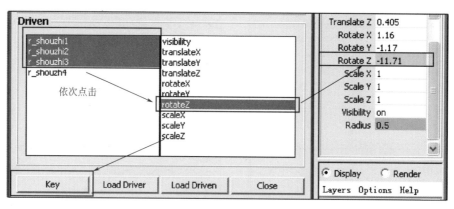

图4-28

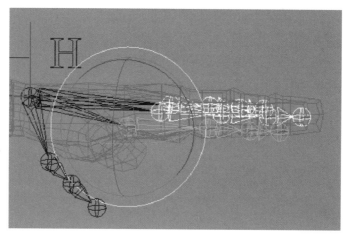

图4-29

（2）在Set Driven Key面板中：

① 依次单击激活Driver下的r_shouzhi_ctrl→属性Zhi→将属性面板中Zhi的值设为0，回车（图4-30）。

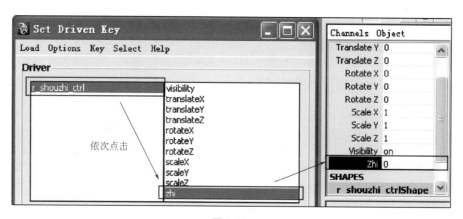

图4-30

② 依次单击激活Driven下的手指骨骼r_shouzhi1、r_shouzhi2、r_shouzhi3→rotateZ→将属性面板中rotateZ的值设为手指旋转的一定角度，单击"Key"键（图4-31、图4-32）。

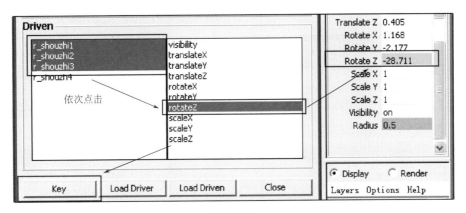

图4-31

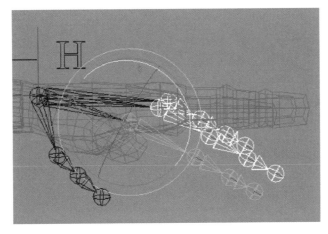

图4-32

（3）在Set Driven Key面板中：

① 依次单击激活Driver下的r_shouzhi_ctrl→属性Zhi→将属性面板中Zhi的值设为10，回车（图4-33）。

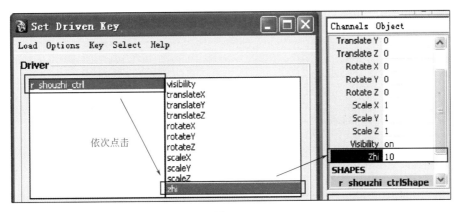

图4-33

② 依次单击激活Driven下的手指骨骼r_shouzhi1、r_shouzhi2、r_shouzhi3→rotateZ→将属性面板中rotateZ的值设为手指旋转的一定角度，单击"Key"键（如图4-34、图4-35）。

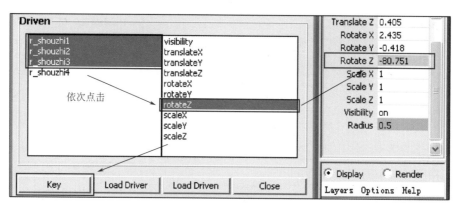

图4-34

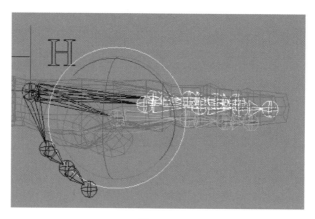

图4-35

这样当手指的控制器r_shouzhi_ctrl在属性为（−10 ～ 0 ～ 10）区间进行变化时，手指就可以运动了。

（4）选择手指控制器r_shouzhi_ctrl中新加的属性zhi，在界面中按住鼠标中键拖动，可以检测到手指的运动，当属性zhi的数值在−10 ～ 10变化时，手指在运动（图4-36、图4-37）。

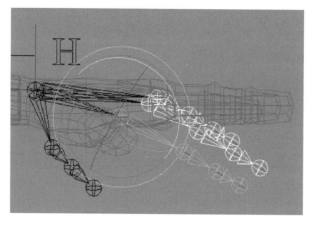

图4-36

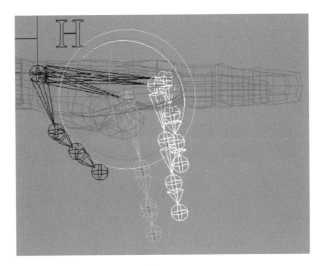

图4-37

4.3.5 将控制器r_shouzhi_ctrl设置驱动，手指的第二个骨骼设置被驱动

方法：同4.3.4节的设置方法一样（图4-38～图4-46）。

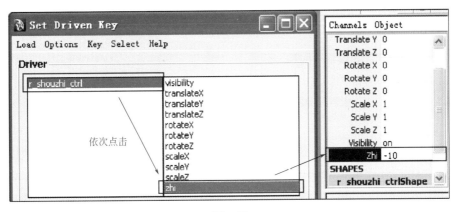

图4-38

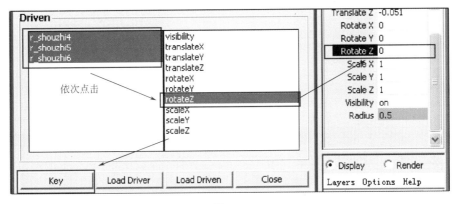

图4-39

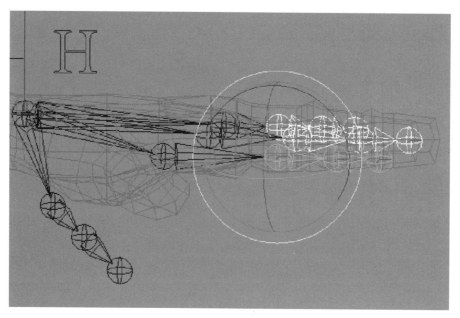

图4-40

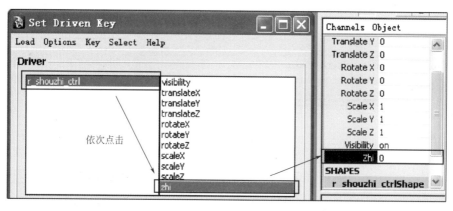

图4-41

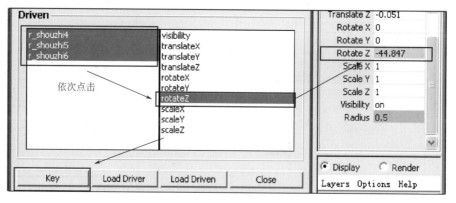

图4-42

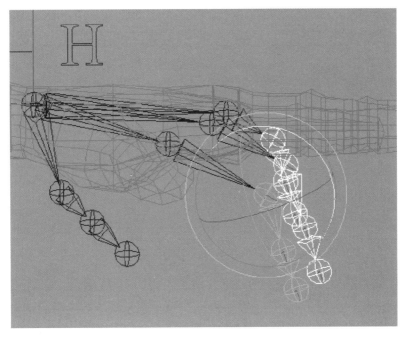

图4-43

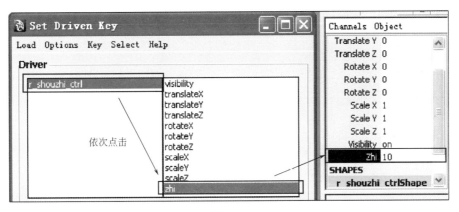

图4-44

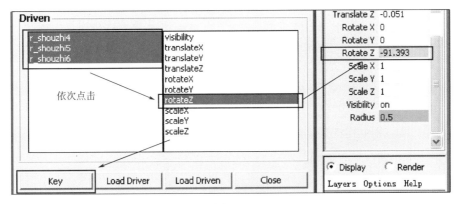

图4-45

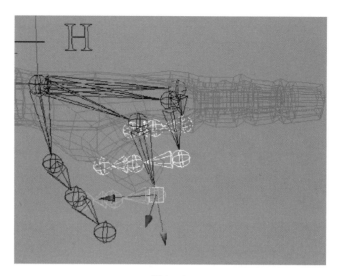

图4-46

4.3.6　将控制器r_shouzhi_ctrl设置驱动，手指的第三个骨骼设置被驱动

　　方法： 同4.3.5节的设置方法一样（图4-47 ～图4-49）。

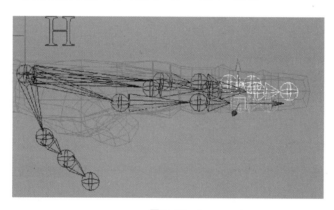

图4-47

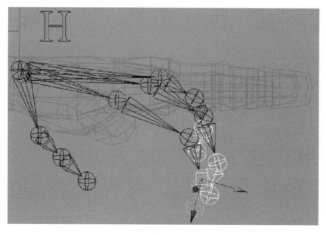

图4-48

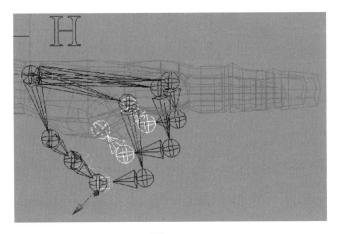

图4-49

4.4 设置手指平向张开的驱动系统

分析： 在前面已经讲解了为手指控制器 r_shouzhi_ctrl 和手指骨骼 r_shouzhi1、r_shouzhi2、r_shouzhi3、r_shouzhi4 设置驱动和被驱动的知识，由此可以知道为手指和手指控制器设置被驱动和驱动器道理也是一样的，即：

① 设计手指驱动器；

② 为驱动器增加一个属性；

③ 将手指驱动器的新增属性设为驱动；

④ 将手指设为被驱动；

⑤ 调整用驱动器驱动手指向中心的旋转。

具体步骤：

4.4.1 为控制器 r_shouzhi_ctrl 添加手指平向张开的属性 zhi1

分析： 手部的握拳运动需要由 r_shouzhi_ctrl 的属性 zhi1 来控制，如果还需要对手部的其他运动进行控制，只需要为 r_shouzhi_ctrl 再添加控制属性，因此，为了使手掌能够进行张开的运动，还需为手指控制器 r_shouzhi_ctrl 添加属性 zhi1。

工具： Add Attribute 增加属性面板。

方法： 选择控制器 r_shouzhi_ctrl，执行 Modify\Add Attribute 调出 Add Attribute 面板，为控制器 r_shouzhi_ctrl 添加移动、旋转、缩放之外的属性。方法同 4.3.2 节（图 4-50）。

图4-50

4.4.2 将控制器r_shouzhi_ctrl调入驱动，手指调入被驱动

分析：驱动动画的实质是用一个物体的某一属性去驱动另一个物体的某一属性。为手臂设置控制器就是用控制器r_shouzhi_ctrl中新加的属性zhi1驱动手指骨骼r_shouzhi1、r_shouzhi2、r_shouzhi3、r_shouzhi4的旋转属性。

方法：（1）选择Animate/Set Driven Key/Set，调出Set Driven Key面板（图4-51）。

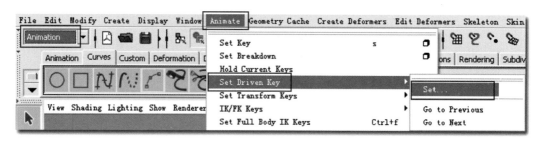

图4-51

（2）在Set Driven Key面板中Driver下的空白为调入驱动物体属性的位置（图4-52）。

（3）选择控制器r_shouzhi_ctrl单击Set Driven Key面板中的Load Driver调入驱动（图4-53）。

图4-52

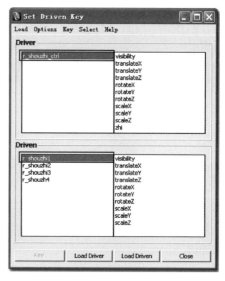

图4-53

（4）选择手指骨骼r_shouzhi1、r_shouzhi2、r_shouzhi3、r_shouzhi4，单击Set Driven Key面板中的Load Driven调入被驱动。

4.4.3 为控制器r_shouzhi_ctrl设置驱动，手指的根骨骼设置被驱动

分析：驱动动画的实质是用一个物体的某一属性去驱动另一个物体的某一属性。下面就是用手指控制器r_shouzhi_ctrl中新加的属性zhi1（-10 ～ 0 ～ 10）驱动手指骨骼zhi1的旋转属性。

方法：（1）在Set Driven Key面板中：

① 依次单击激活Driver下的r_shouzhi_ctrl→属性Zhi1→将属性面板中Zhi1的值设为–10，回车（图4-54）。

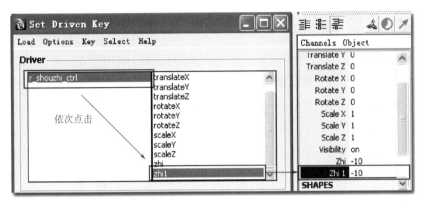

图4-54

② 依次单击激活Driven下的r_shouzhi3→rotateY→将属性面板中rotateY的值设为手指旋转的一定角度，单击"Key"键（图4-55、图4-56）。

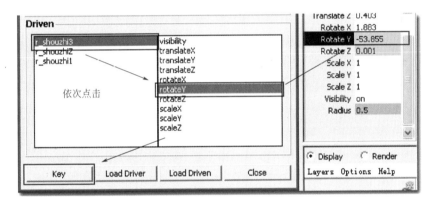

图4-55

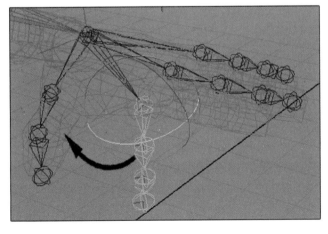

图4-56

（2）在Set Driven Key面板中：

① 依次单击激活Driver下的r_shouzhi_ctrl→属性Zhi1→将属性面板中Zhi的值设为0，回车（图4-57）。

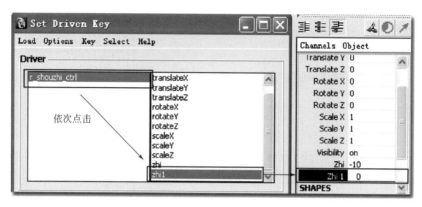

图4-57

② 依次单击激活Driven下的r_shouzhi3→rotateY→将属性面板中rotateY的值设为手指旋转的一定角度，单击"Key"键（图4-58、图4-59）。

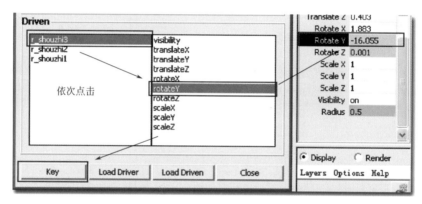

图4-58

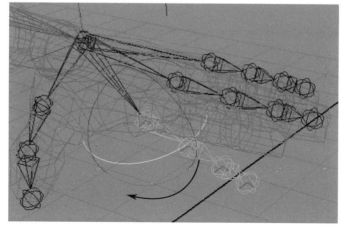

图4-59

（3）在Set Driven Key面板中：

① 依次单击激活Driver下的r_shouzhi_ctrl→属性Zhi1→将属性面板中Zhi1的值设为10，回车（图4-60）。

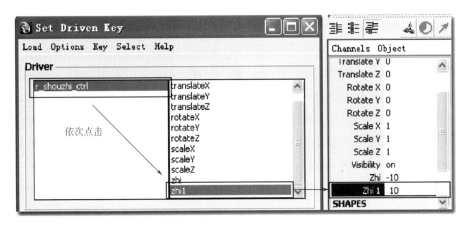

图4-60

② 依次单击激活Driven下的r_shouzhi3→rotateY→将属性面板中rotateY的值设为手指旋转的一定角度，单击"Key"键（图4-61）。这样当手指的控制器r_shouzhi_ctrl在属性Zhi1为（-10 ～ 0 ～ 10）区间进行变化时，手指就可以运动了。

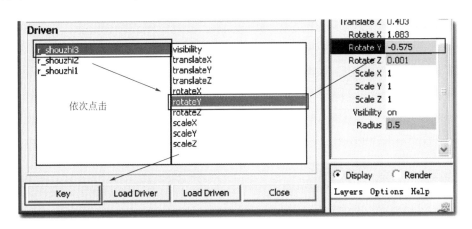

图4-61

（4）选择手指控制器r_shouzhi_ctrl中新加的属性Zhi1，在界面中按住鼠标中键拖动，可以检测到手指的运动，当属性zhi的数值在-10 ～ 10变化时，手指在运动。

4.4.4 为控制器r_shouzhi_ctrl设置驱动，为第二个手指骨骼r_shouzhi2设置被驱动

方法： 同4.4.3节的设置方法一样（图4-62 ～ 图4-64）。

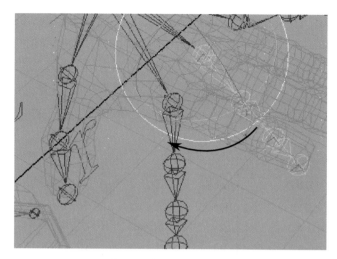

图4-62

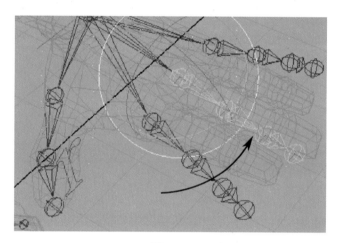

图4-63

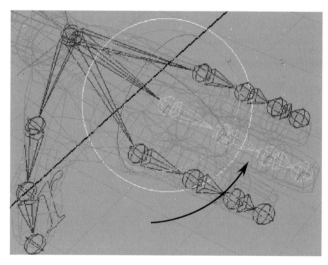

图4-64

4.4.5 为控制器r_shouzhi_ctrl设置驱动，为第三个手指骨骼r_shouzhi3设置被驱动

方法：同4.4.3节的设置方法一样（图4-65～图4-67）。

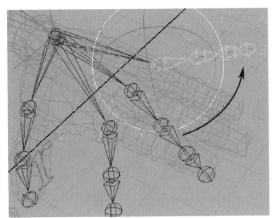

图4-65

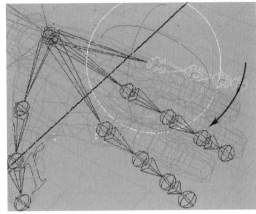

图4-66

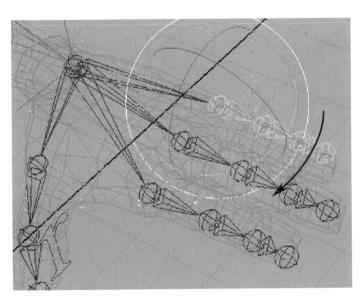

图4-67

4.4.6 检测

选择手指控制器r_shouzhi_ctrl中新加的属性zhi1，在界面中按住鼠标中键拖动，可以检测到手指的运动，当属性zhi1的数值在－10～10变化时，手指在运动（图4-68～图4-70）。

项目一 1

项目二 2

项目三 3

项目四 4

项目五 5

项目六 6

项目七 7

项目八 8

项目九 9

项目十 10

项目十一 11

项目十二 12

项目十三 13

项目十四 14

项目十五 15

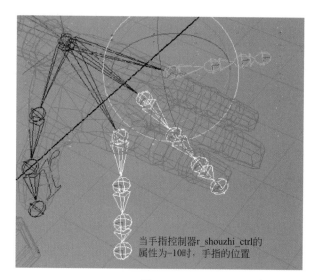

当手指控制器r_shouzhi_ctrl的
属性为-10时，手指的位置

图4-68

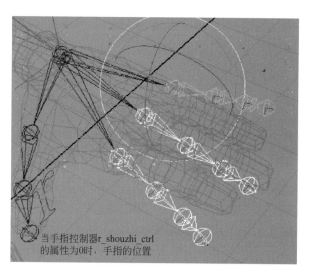

当手指控制器r_shouzhi_ctrl
的属性为0时，手指的位置

图4-69

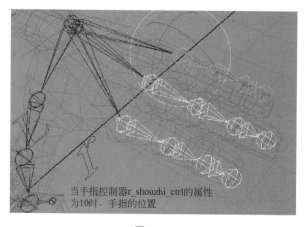

当手指控制器r_shouzhi_ctrl的属性
为10时，手指的位置

图4-70

4.5　为另一只手的手指添加控制器l_shouzhi_ ctrl，并为其添加驱动与被驱动

方法：同4.3节和4.4节的设置方法一样（图4-71）。

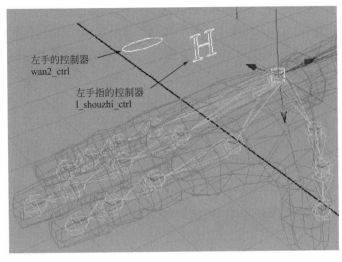

左手的控制器
wan2_ctrl

左手指的控制器
l_shouzhi_ctrl

图4-71

总结与评价

　　该项目还是应用了驱动与被驱动的知识，其重点在于深入理解手指的运动方向与控制器新添加属性的关系，同时进行有条理的细致设置。

项目五

角色"使者"的骨骼控制器与身体的"父子关系"建立

学习目标 | 掌握设定驱动动画的方法

工作任务 | 为角色"使者"设计手部、脚部的驱动系统

任务分析：通过前面的学习，为角色"使者"骨骼添加了若干的控制器，这其中有控制眼睛转动的，有控制肘部关节运动的，还有控制整个身体重心的，以及分别控制左、右腿的等，所有的这些控制器都为设置动画做好了准备，然而这些控制器与骨骼并不是一体的，因此，当移动骨骼重心的时候，控制器还留在原地（图5-1）。这就需要将各种控制器与身体的相应部位建立"父子关系"，以达到控制器与骨骼一同运动的目的。

相关知识：建立"父子关系"。

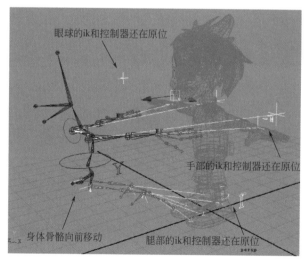

图5-1

具体步骤：

5.1 将眼球和头骨执行父子关系

分析： 因为眼球始终是要随头骨进行运动的，所以要将眼球分别和头骨执行父子关系（图5-2）。

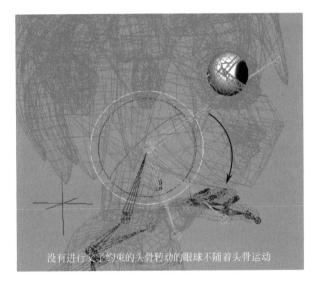

图5-2

方法： 选择眼球，按"Shift"键加选头骨，按键盘的"P"键（图5-3）。执行了父子关系之后，其效果如图5-4所示。

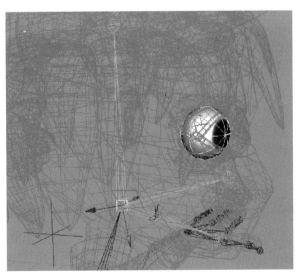

图5-3

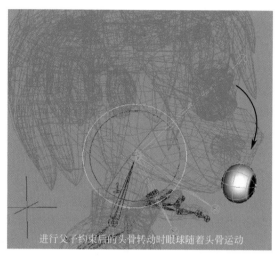

图5-4

5.2 将眼球的控制器r_eye及l_eye分别和
头骨执行"父子关系"

分析： 因为眼球始终是要随头骨进行运动的，控制眼球旋转的控制器也要随头部运动，所以要将眼球的控制器r_eye及l_eye分别和头骨执行父子关系。

方法：（1）选择眼球控制器r_eye，按"Shift"键加选头骨，按键盘的"P"键（图5-5）。

图5-5

（2）控制器l_eye同上。

5.3 将手臂ikHandle4及ikHandle5和胸骨执行
"父子关系"

分析： 因为手臂始终是要随躯干进行运动的，所以要将能够带动手臂骨骼进行运动的IK

分别与胸骨执行父子关系。

　　方法：（1）选择手臂ikHandle4，按"Shift"键加选胸骨，按键盘的"P"键（图
5-6）。

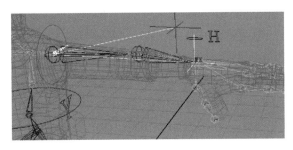

图5-6

　　（2）手臂ikHandle5同上操作。

5.4 将手肘控制器r_zhou_ctrl及l_zhou_ctrl 与胸骨执行"父子关系"

　　分析：因为手臂始终是要随躯干进行运动，所以要将能控制手肘的控制器r_zhou_ctrl
分别与胸骨执行父子关系。

　　方法：（1）选择手肘控制器r_zhou_ctrl，按"Shift"键加选胸骨，按键盘的"P"键
（图5-7）。

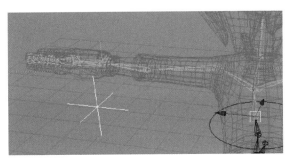

图5-7

　　（2）手肘控制器l_zhou_ctrl同上操作。

5.5 将手腕控制器wan1_ctrl与ikHandle4及 wan2_ctrl与ikHandle5执行"父子关系"

　　分析：因为手腕控制器wan1_ctrl是要随手臂进行运动的，所以要将手腕控制器wan1_

ctrl与能够带动手臂骨骼进行运动的ikHandle4执行父子关系。

方法：（1）选择手腕控制器wan1_ctrl，按"Shift"键加选ikHandle4，按键盘的"P"键（图5-8）。

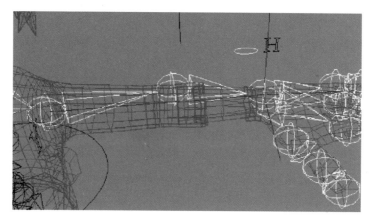

图5-8

（2）手腕控制器wan2_ctrl与ikhandle5执行同上操作。

5.6 将手指转动控制器r_shouzhi_ctrl与 ikHandle4及ikHandle5执行"父子关系"

分析：因为手指转动控制器r_shouzhi_ctrl是要随手臂进行运动的，所以要将手指转动控制器r_shouzhi_ctrl与能够带动手臂骨骼进行运动的ikHandle4执行父子关系。

方法：（1）选择手指转动控制器r_shouzhi_ctrl，按Shift键加选ikHandle4，按键盘的"P"键（图5-9）。

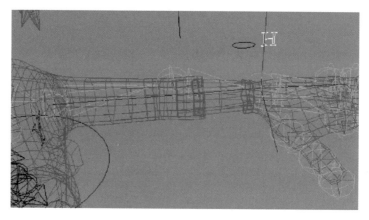

图5-9

（2）手指转动控制器r_shouzhi_ctrl与ikHandle5执行同上操作。

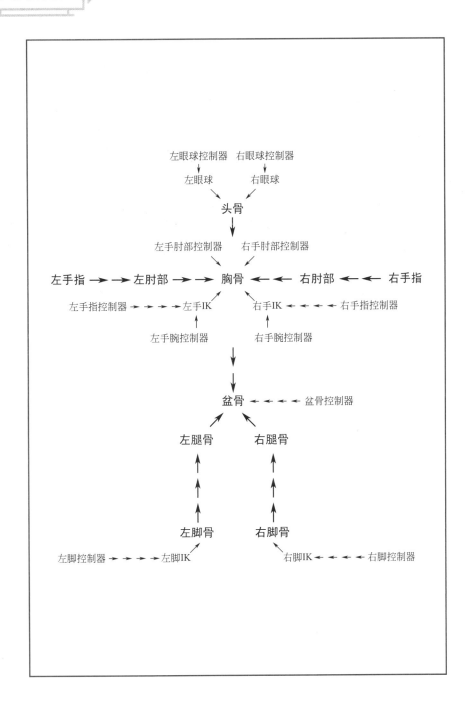

项目六

角色"使者"骨骼系统的柔性蒙皮

学习目标 掌握为骨骼柔性蒙皮的方法

工作任务 为角色"使者"的骨骼进行柔性蒙皮

任务分析：通过前面的学习，为角色"使者"设置了一套系统、且易于操作的骨骼系统，但是这套骨骼还不能带动角色"使者"的模型进行运动，因此，要将骨骼和模型进行柔性蒙皮操作。

相关知识：骨骼柔性蒙皮系统、权重笔刷的应用。

具体步骤：

6.1 为角色"使者"的上身骨骼进行柔性蒙皮

分析：由于在创建骨骼之初，将角色"使者"的模型装入了图层shizhe中，同时又设置该图层不可选，只可看见。因此在进行蒙皮之前要将角色"使者"的模型实体显示。

方法：（1）在图层属性当中单击shizhe图层中的"T"，将其属性"T"可渲染模式取消（图6-1）。将模型的线框显示出来（图6-2）。按键盘的"5"键，实体显示模型（图6-3）。

图6-1　　　　　　　　　　　　　　　　　　图6-2

图6-3

（2）选择上身整套骨骼系统的根骨骼（图6-4），按"Shift"键加选，上身模型如图6-5所示。

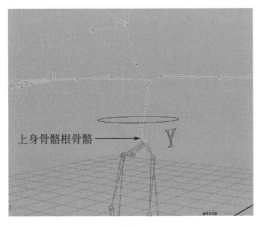

上身骨骼根骨骼 →

图6-4　　　　　　　　　　　　　　　　　　图6-5

1
2
3
4
5
项目六
6
7
8
9
10
11
12
13
14
15

执行Animation（动画模块）\Skin（皮肤）\Bind Skin（皮肤蒙皮）\Smooth Bind（柔性蒙皮）（图6-6）。

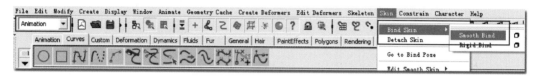

图6-6

6.2 为角色"使者"的下身骨骼进行柔性蒙皮

分析：方法同6.1节。

方法：选择下半身整套骨骼系统的根骨骼（图6-7），按"Shift"加选，下身模型如图6-8所示。执行Animation（动画模块）\Skin（皮肤）\Bind Skin（皮肤蒙皮）\Smooth Bind（柔性蒙皮）（图6-6）。

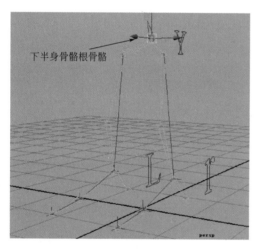

下半身骨骼根骨骼

图6-7

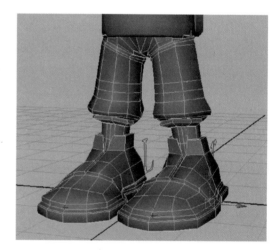

图6-8

6.3 为完成柔性蒙皮的角色"使者"刷权重

分析：当模型与骨骼进行了柔性蒙皮之后，可以通过控制器来操纵模型的运动，对于柔性蒙皮的模型进行测试（图6-9、图6-10）。

经过测试可以看到，控制器模型是可以随着骨骼运动的，但是模型在运动较强烈的关键的转弯处出现了缺失（图6-11、图6-12），这就需要运用权重工具来填补这些缺失。

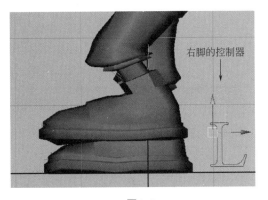

图6-9

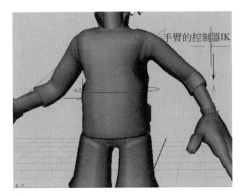

图6-10

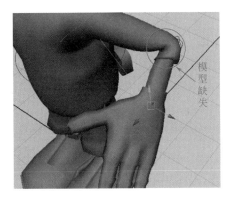

图6-11

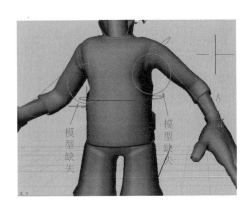

图6-12

工具：Paint Skin Weights Tool（权重笔刷工具）。

方法：（1）模型的缺失部分是由模型下的骨骼弯曲部分挤压所形成的，观察模型缺失部，选择控制其骨骼，再用权重笔刷工具对其进行修补。

如：肘关节的权重调节。

① 选择要刷权重的模型（图6-13）。

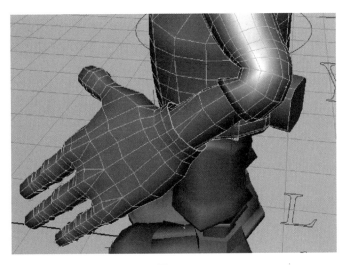

图6-13

② 执行 Animation（动画模块）\Skin（皮肤）\Edit Smooth Skin（编辑柔性皮肤蒙皮）\Paint Skin Weights Tool（权重笔刷工具）（图6-14、图6-15）。

③ 在控制模型的被选骨骼中，选择要刷权重的骨骼 zhou1（图6-16）。

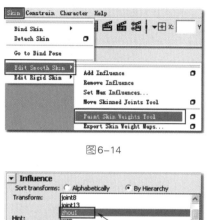

图6-14

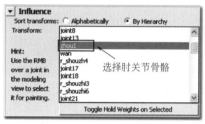

图6-16

图6-15

④ 之后会发现模型发生了颜色的变化，高亮的白色区域为受权重笔刷影响较大的部分，随着亮度的衰减，笔刷对模型的调节能力逐渐减弱（图6-17）。

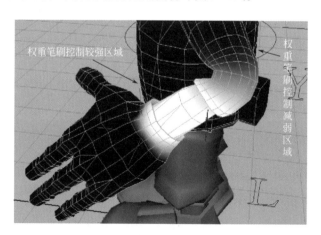

图6-17

⑤ 调节笔头的大小、力度（图6-18）。

⑥ 在界面中，按鼠标左键拖动涂抹手臂的高亮区，最终使模型的缺失完整（图6-19）。

⑦ 如果模型不够平滑可以运用平滑模式进行调节（图6-20）。

⑧ 调节完成之后，单击 W 移动键退出权重笔刷。

（2）完成了肘部的权重以后，再将其他易发生模型缺失的转折处如膝关节、指关节、颈部关节等继续涂刷权重。刷权重后的模型如图6-21所示。

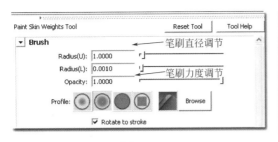

笔刷直径调节
笔刷力度调节

图6-18

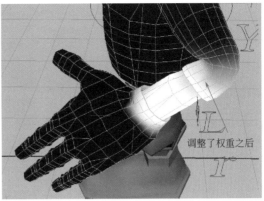

调整了权重之后

图6-19

图6-20

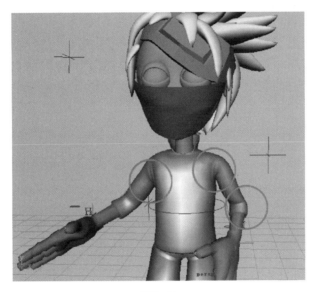

图6-21

总结与评价

　　涂刷权重工具重点在于找到控制皮肤的那段骨骼，只有将笔刷涂在该骨骼控制的皮肤上权重工具才有效果。

项目一 1
项目二 2
项目三 3
项目四 4
项目五 5
项目六 6
项目七 7
项目八 8
项目九 9
项目十 10
项目十一 11
项目十二 12
项目十三 13
项目十四 14
项目十五 15

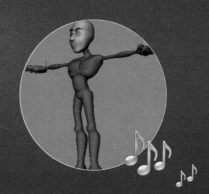

项目七

角色"使者"镜头1的出场动画制作

学习目标 掌握关键帧动画的制作方法

工作任务 完成角色"使者"的行走动画设置

任务分析：角色"使者"的骨骼设定、模型与骨骼的绑定都已经完成了，角色的各个部分都能活动自如了，那么就可以为角色"使者"设计动画了。

相关知识：关键帧动画设定、时间线。

具体步骤：

分析：人能够向前行走，其主要是由人体的三个部分即左脚、右脚和盆骨的位移形成的，那么只要将这三个部分按照各自的运动轨迹进行关键帧设置就可得到所要的动画效果了。

在之前的学习中，已经为角色"使者"添加了若干个控制器，其中主要控制角色整体运动的就是pengu_ctrl盆骨、l_foot_ctrl左脚、r_foot_ctrl右脚这三个部分。

工具：时间线、关键帧动画设定（图7-1）。

图7-1

关键帧动画设定的一般思路方法：

某一物体如球，在某一位置时，在时间为1时，为其设置关键帧；

当球移动位置后，在时间为10时，为其设置关键帧；

当球再次移动位置后，在时间为20时，为其设置关键帧；

……如此反复就形成了关键帧动画（图7-2）。

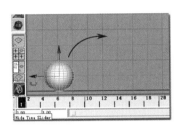 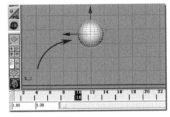 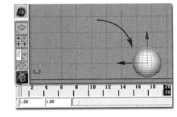

图7-2

方法：（1）将视图切换为单一Side试图（图7-3）。

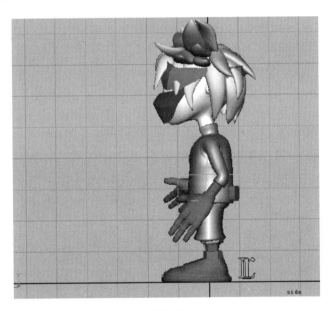

图7-3

（2）选择pengu_ctrl盆骨控制器，在时间线滑条为1时，单击键盘上的"S"键，这时会发现pengu_ctrl盆骨控制器的属性全都变为红色（图7-4）。这一系列的操作就是命令pengu_ctrl盆骨控制器，在时间为第1帧时，pengu_ctrl盆骨控制器的所有属性都在此位置设关键帧。设定之后角色"使者"的位置如图7-3所示。

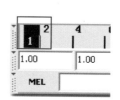

图7-4

（3）由于角色在第1帧时，l_foot_ctrl左脚、r_foot_ctrl右脚也都是在原地不动的，因此也运用同上的方法，按键盘的"S"键，为l_foot_ctrl左脚控制器、r_foot_ctrl右脚控制器分别设关键帧。

（4）选择pengu_ctrl盆骨控制器，拖动时间滑条至第10帧，将pengu_ctrl盆骨控制器向前、向下移动一定距离（约为角色迈开双腿的一半），单击键盘上的"S"键（图7-5）。

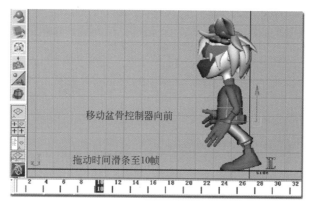

图7-5

（5）选择r_foot_ctrl右脚控制器，时间线马上会转成r_foot_ctrl右脚控制器的时间线。拖动时间滑条至第10帧，将r_foot_ctrl右脚控制器抬起并向前移动一定距离（约为经过体侧处），单击键盘上的"S"键（图7-6）。

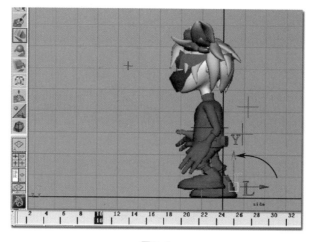

图7-6

（6）选择r_foot_ctrl右脚控制器，拖动时间滑条至第20帧，将r_foot_ctrl右脚控制器向下并向前移动一定距离落下，单击键盘上的"S"键（图7-7）。

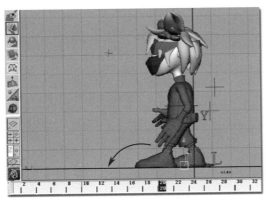

图7-7

（7）选择pengu_ctrl盆骨控制器，时间线马上会转成pengu_ctrl盆骨控制器的时间线。拖动时间滑条至第20帧，将pengu_ctrl盆骨控制器向前、向上移动一定距离（约为角色迈开双腿的一半），单击键盘上的"S"键（图7-8）。

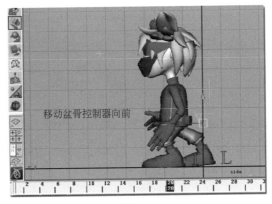

图7-8

（8）选择l_foot_ctrl左脚控制器，时间线马上会转成l_foot_ctrl左脚控制器的时间线。拖动时间滑条至第20帧，单击键盘上的"S"键（图7-9）。

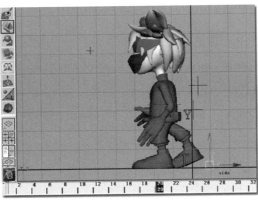

图7-9

（9）选择l_foot_ctrl左脚控制器，拖动时间滑条至第30帧，将l_foot_ctrl左脚控制器抬起并向前移动一定距离（约为经过体侧处），单击键盘上的"S"键（图7-10）。

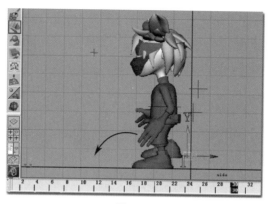

图7-10

（10）选择pengu_ctrl盆骨控制器，时间线马上会转成pengu_ctrl盆骨控制器的时间线。拖动时间滑条至第30帧，将pengu_ctrl盆骨控制器向前、向下移动一定距离（约为角色迈开双腿的一半），单击键盘上的"S"键（图7-11）。

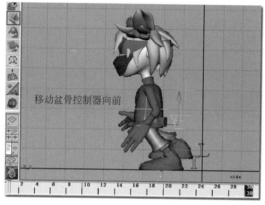

图7-11

（11）选择l_foot_ctrl左脚控制器，拖动时间滑条至第40帧，将l_foot_ctrl左脚控制器向下并向前移动一定距离落下，单击键盘上的"S"键（图7-12）。

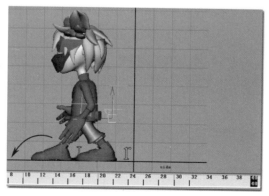

图7-12

这样两条腿行走一步的动画就完成了，可以根据自身的情况调整角色的运动幅度、频率等。

（12）还可以根据以上的方法来设置角色的手臂前后摆动的动画。

总结与评价 ➡

关键帧动画是制作动画的基本方式，它不仅可以对某一物体进行动画设置，同时还可以对物体的某一元素进行动画设置。

项目一 1
项目二 2
项目三 3
项目四 4
项目五 5
项目六 6
项目七 7
项目八 8
项目九 9
项目十 10
项目十一 11
项目十二 12
项目十三 13
项目十四 14
项目十五 15

项目八

角色"使者"镜头7的动画制作

任务分析：在镜头中，其动画的形成是角色"使者"不动，摄影机的拍摄点不动，摄影机的机身运动形成的。摄影机的运动可以通过设置关键帧动画形成，但是对于有规律的运动在MAYA中可以运用设置路径动画的方式完成。

相关知识：摄影机的设定、路径动画设定。

具体步骤：

8.1 设置两点摄影机

分析：在MAYA中，摄影机有三种样式，即一点摄影机、两点摄影机和三点摄影机，在这里运用一点摄影机。

方法：（1）单击Create（创建）\Cameras（摄影机）\Camera（摄影机），创建摄影机并命名为Camera1（图8-1）。

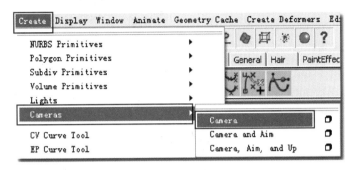

图8-1

（2）这时会看到在世界坐标中心出现了一台摄影机（图8-2）。

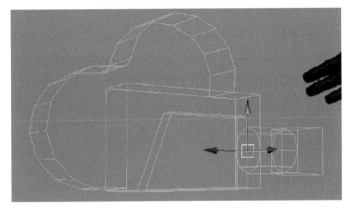

图8-2

（3）选择摄影机机身将其移动到需要的位置。

8.2　设置摄影机的运动路径

分析：摄影机的运动路径是由Curves曲线设置的，因此需要建一条曲线。分析镜头，可以看到这个镜头的构成是由摄影机从角色"使者"的面部开始沿着拍摄路径向后移动而产生的。因此，摄影机的拍摄路径要从角色的面部开始。

方法：（1）选择Curves/EP曲线（图8-3）。

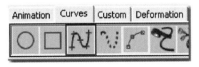

图8-3

（2）在单一视图中单击画出一条EP曲线（图8-4）。

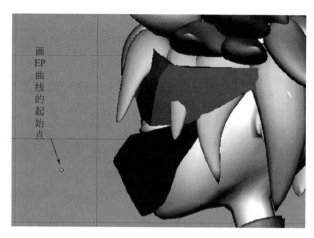

图8-4

（3）按键盘的回车键结束操作。

（4）按"W"移动键，调整曲线到面部前部（图8-5）。

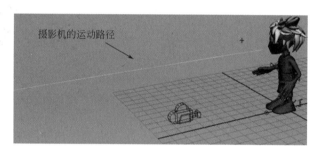

图8-5

8.3 将摄影机与运动路径进行路径动画设置

分析： 在设置路径动画之前，需要计算这个路径动画的时间，在设计分镜头脚本时，设计了这个摄影机运动的时间为2秒，那么就需要将时间线设置为大于48帧。

方法：（1）按时间滑条的按钮，将时间线拖拽到48帧处（图8-6）。

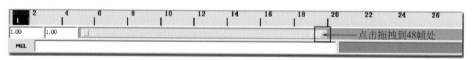

图8-6

（2）选择路径曲线，按"Shift"键加选摄影机Camera1，执 行 Animate\Motion Paths\ Attach to Motion Path（图8-7）。

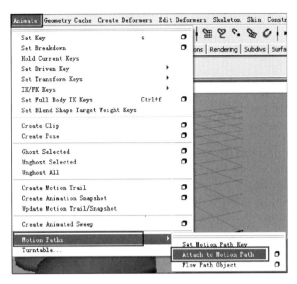

图8-7

（3）调整Attach to Motion Paths属性（图8-8）以保证摄影机的镜头方向朝向角色"使者"；保证摄影机的机身向上（图8-9）。

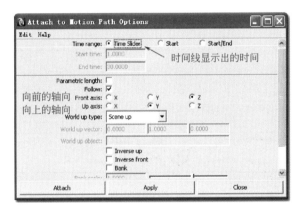

图8-8

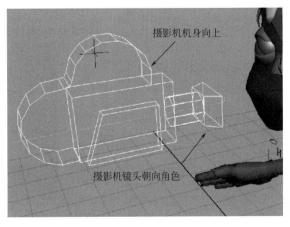

图8-9

（4）执行Apply应用，这时发现在路径曲线的两端分别出现了"1"、"48"（图8-10），其表明摄影机将在"1帧"、"48帧"之间沿着该路径进行运动。当拖动时间线上的黑条时，可以看到摄影机在路径上移动。

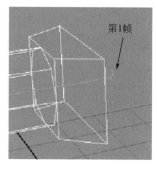

第48帧

第1帧

图8-10

8.4 观看摄影机Camera1视角下拍摄到的镜头

分析：之前制作的动画都是在透视图或侧视图等单一视图中进行的，不能观看到制作的摄影机拍摄的内容，因此，需要切换到摄影机视角观看。

方法：（1）单击视图上方的Panels\Prespective\Camera1（图8-11），会发现界面当中的视角变为了摄影机Camera1视角。比较两个视图（图8-12）。

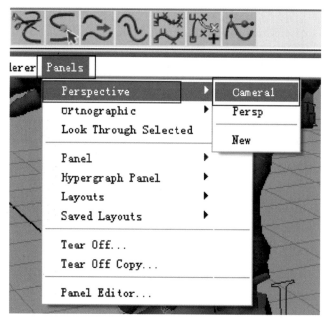

图8-11

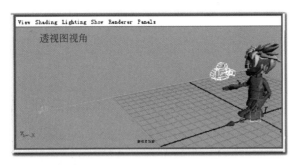

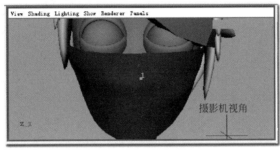

图8-12

（2）如果发现视角不合适，可以通过按"Alt"键+鼠标右键拖动进行放大或缩小，相当于调整摄影机的焦距。

（3）若想继续编辑动画，可以回到透视图视角，单击Panels\Prespective\Persp切换为透视图（图8-13）。

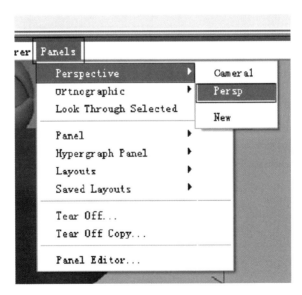

图8-13

项目九

角色"使者"镜头13的手部特写动画设置

学习目标	掌握为控制器设置动画制作方法
工作任务	完成镜头的动画设置

任务分析： 镜头中的运动是角色"使者"招手，由于已经设计了手部控制器 r_shouzhi_ctrl，并且在控制器 r_shouzhi_ctrl 的属性中增加了控制握拳的属性"zhi"，因此，要完成这一镜头，只要对手部控制器 r_shouzhi_ctrl 进行设置就可以了。

相关知识： 关键帧动画。

具体步骤：

9.1　摆好角色"使者"的姿势

分析： 由于该镜头的动作与之前的镜头没有逻辑关系，因此，可以在新的场景中制作此镜头。

方法：（1）新建场景File/New Scene（图9-1），导入角色"使者"的模型和骨骼文件（图9-2），并保存为jingtou6。

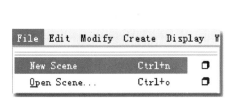

图9-1   图9-2

（2）选择角色"使者"的头部骨骼，按"E"旋转键将头部调整到相应的位置（图9-3）。

（3）选择角色"使者"的手臂IK，按"W"移动键将手臂调整到相应的位置（图9-4）。

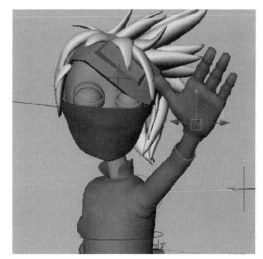

图9-3   图9-4

9.2　为角色"使者"的手部设置动画

方法：（1）选择角色"使者"的手部控制器r_shouzhi_ctrl（图9-5）。

（2）选择角色"使者"的手部控制器r_shouzhi_ctrl的属性Zhi（图9-6）。

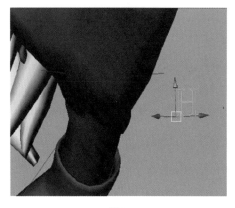
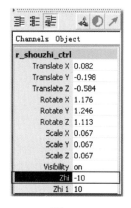

图9-5　　　　　　　　　　　　　图9-6

（3）将时间线拖至第1帧（图9-7），当r_shouzhi_ctrl的属性Zhi为−10时（图9-8），按键盘上的"S"键，这样r_shouzhi_ctrl的属性Zhi为−10时就被设为关键帧，手部的动作如图9-9所示。

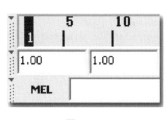
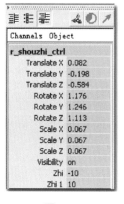
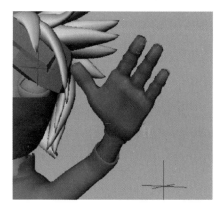

图9-7　　　　　　　　图9-8　　　　　　　　　图9-9

（4）将时间线拖至第10帧（图9-10），当r_shouzhi_ctrl的属性Zhi为0时（图9-11），按键盘上的"S"键，这样r_shouzhi_ctrl的属性Zhi为0时就被设为关键帧，手部的动作如图9-12所示。

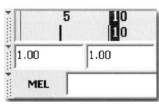
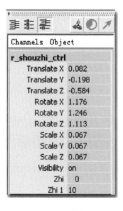

图9-10　　　　　　　　图9-11　　　　　　　　　图9-12

（5）将时间线拖至第20帧（图9-13），当r_shouzhi_ctrl的属性Zhi为-10时（图9-14），按键盘上的"S"键，这样r_shouzhi_ctrl的属性Zhi为-10时就被设为关键帧，手部的动作如图9-15所示。

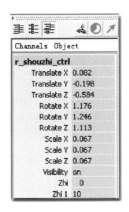

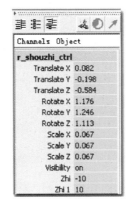

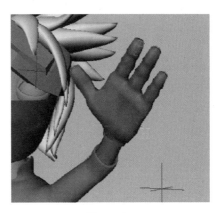

图9-13   图9-14   图9-15

（6）将时间线拖至第30帧，当r_shouzhi_ctrl的属性zhi为0时（图9-16），按键盘上的"S"键，这样r_shouzhi_ctrl的属性Zhi为0时就被设为关键帧，手部的动作如图9-17所示。

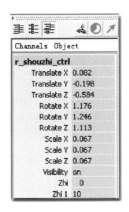

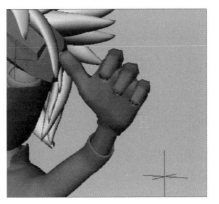

图9-16   图9-17

项目十

角色"强盗"的骨骼系统设定

任务分析：骨骼系统是用于支撑并带动角色模型进行运动的，但是仅仅有骨骼还不能达到对骨骼的高效控制，还需要有IK工具对腿部、手臂等骨骼进行带动，就如同人体的骨骼与筋脉之间关系一样。除此之外，在操作上为了方便选取腿部、手臂、躯干等部位的运动还需要对这些部位添加控制器。

相关知识：掌握编辑骨骼和IK的基本操作方法，以及骨骼的镜像等相关知识的运用。

具体步骤：

10.1 创建角色"强盗"的腿部骨骼系统 『MAYA

10.1.1 腿部骨骼的创建

工具：设置骨骼工具 。

方法：（1）在菜单中选择File\Open Scene寻找角色模型"强盗"所在的路径，将角色"强盗"调出。

（2）在界面左侧依次如图单击按钮新建layer1，并且双击图层为其命名为"qiangdaobady"（图10-1、图10-2）。

（3）选择模型"强盗"，在层"qiangdaobady"上单击鼠标右手键，调出浮动面板，选择Add Selected Objects，将模型加入层"qiangdaobady"。

（4）在图层属性当中单击图层属性将其设为"T"可渲染模式（图10-3），在此模式下，可以看到模型的线形，但是模型还不能被选择，为设置骨骼时参考模型提供了方便（图10-4）。

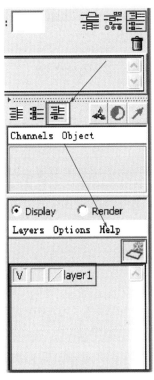

图10-1

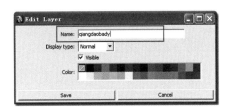

图10-2

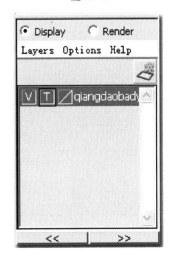

图10-3

（5）① 在MAYA中的Animation（动画）模块下，选择Skeleton\Joint Tool（创建骨骼工具），单击该工具后的属性按钮，调出属性面板（图10-5）。

② 单击"Reset Tool"按钮将所有参数还原为默认，以避免出现带着已调节过属性的骨骼工具创建骨骼系统，并将Orientation设为None选项（图10-6）。

（6）在角色"强盗"的模型侧视图中由髋关节、膝盖、踝关节、脚背和脚尖依次创建r_foot_kuan、r_foot_xi、r_foot_huai、r_foot_bei、r_foot_jian关节，并单击按"Enter"键结束操作（图10-7）。在创建完骨骼后，要为每个骨骼命名。

（7）按"W"建，切换到移动键，选择关节链中的根骨骼（髋关节r_foot_kuan），配合前视图和侧视图，将骨骼移动到模型的右腿位置，调节骨骼位置使其与角色"强盗"的模型的关节位置相适合（图10-8）。

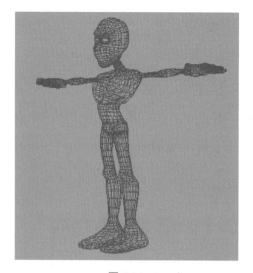

图10-4

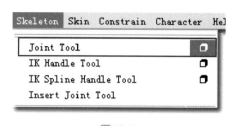

图10-5

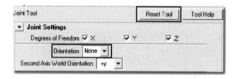

图10-6

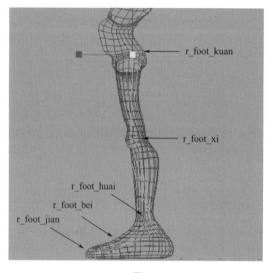

图10-7

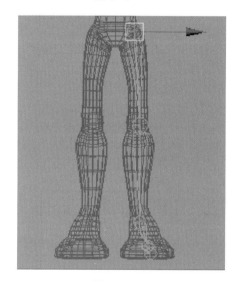

图10-8

10.1.2 建立腿部的IK

分析：仅有骨骼的连接还不能使骨骼之间相互带动进行运动，因此还需要有IK（反向动力学系统）将相关联的骨骼连接起来才能运动，就如同人体的骨骼与筋脉的关系一样。

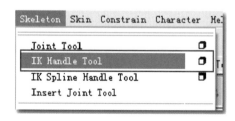

图10-9

工具：设置IK工具 ，按"Shift"键加选、"G"键重复使用上次工具。

方法：选择Skeleton\IK handle Tool（创建IK手柄工具）为腿部创建IK（图10-9）。单击髋关节骨骼r_foot_kuan，以其作为起始关节，再单击踝关节骨骼r_foot_huai以其作为结束关节，创建腿部ikHandle1（图10-10）。用移动工具选择

ikHandle1的手柄并移动可以看到运动效果。

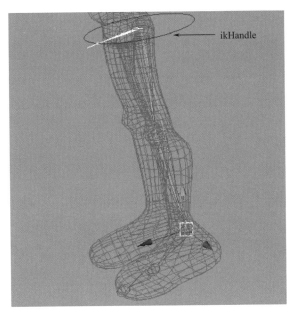

图10-10

10.1.3　为腿部骨骼创建翻转脚

分析：脚部的骨骼自身不能产生翻转运动，如果产生运动需要有外力的翻转运动带动，因此需要建立一支在外形上与该脚部骨骼相同的翻转脚。

工具：按键盘的"V"键进行点捕捉。

方法：（1）在MAYA中的Animation（动画）模块下，选择Skeleton\Joint Tool（创建骨骼工具）（图10-11）。

（2）在侧视图中，从脚跟的位置创建骨骼r fanzhuanjiao1（图10-12）。

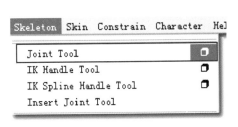

图10-11

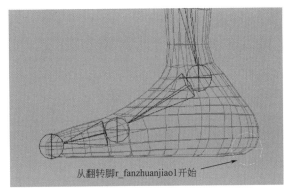

图10-12

（3）按住键盘的"V"键，单击脚尖的骨骼，将新建的翻转脚脚尖骨骼r_fanzhuanjiao2捕捉到已经建好的脚尖骨骼上，使它们在位置上重合（图10-13）。

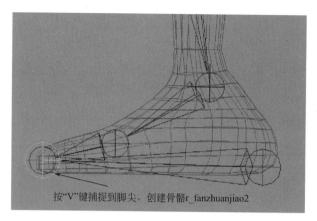

按"V"键捕捉到脚尖，创建骨骼r_fanzhuanjiao2

图10-13

（4）按住键盘的"V"键，顺次单击脚背的骨骼，将新建的翻转脚脚背骨骼r_fanzhuanjiao3捕捉到已经建好的脚背骨骼上，使它们在位置上重合（图10-14）。

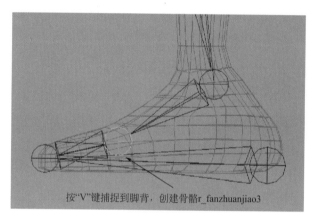

按"V"键捕捉到脚背，创建骨骼r_fanzhuanjiao3

图10-14

（5）按住键盘的"V"键，顺次单击脚踝的骨骼，将新建的翻转脚脚踝骨骼r_fanzhuanjiao4捕捉到已经建好的脚踝骨骼上，使它们在位置上重合（图10-15）。

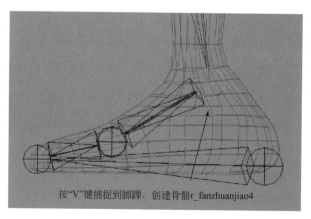

按"V"键捕捉到脚踝，创建骨骼r_fanzhuanjiao4

图10-15

（6）按键盘的回车键，结束翻转脚的创建（图10-16）。

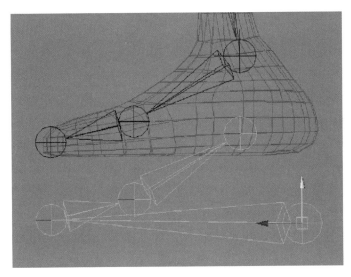

图10-16

（7）同时按"W"键，用移动工具选择翻转脚跟骨骼r_fanzhuanjiao1将翻转脚移动下来。会发现新建的翻转脚r_fanzhuanjiao1与原来的脚部骨骼在外形上完全一致，这就是按"V"键，进行点捕捉的作用（图10-17）。

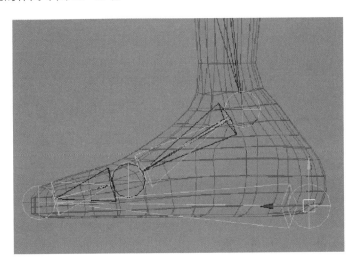

图10-17

10.1.4 将脚部骨骼与翻转脚r_fanzhuanjiao进行约束操作

分析： 在以上的操作中制作了翻转脚，如果翻转脚的骨骼可以约束脚部骨骼，那么当翻转脚被驱动运动时，脚部骨骼也就可以随之运动了。

工具： 点约束、方向约束

方法：（1）选择翻转脚r_fanzhuanjiao4脚踝的骨骼，按"Shift"键，加选腿部的ikHandle1（图10-18），之后在动画模块下，执行Constrain/Point点约束

（图10-19），执行之后可以看到ikHandle1被约束到r_fanzhuanjiao4脚踝的骨骼上（图10-20）。

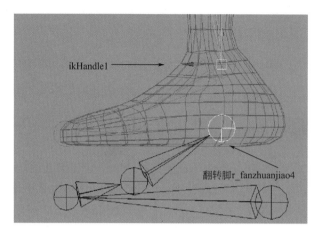

图10-18

图10-19

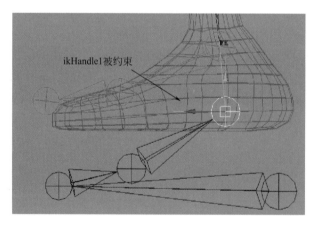

图10-20

（2）选择翻转脚r_fanzhuanjiao3脚背的骨骼，按"Shift"键，加选腿部的脚踝骨骼（图10-21），之后在动画模块下，执行Constrain/Orient方向约束（图10-22），执行之后可以看到腿部的脚踝被约束到了和r_fanzhuanjiao3脚背的骨骼同一方向上（图10-23）。

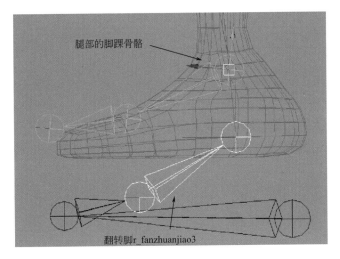

腿部的脚踝骨骼

翻转脚r_fanzhuanjiao3

图10-21

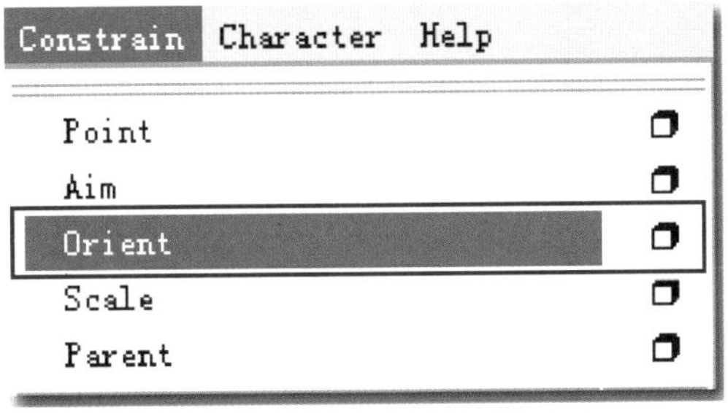

Constrain Character Help

Point
Aim
Orient
Scale
Parent

图10-22

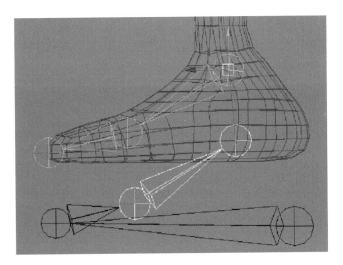

图10-23

（3）选择翻转脚r_fanzhuanjiao2脚尖的骨骼，按"Shift"键，加选腿部的脚背骨骼（图10-24），之后在动画模块下，执行Constrain/Orient方向约束（图10-25），执行之后可以看到腿部的脚背骨骼被约束到了和r_fanzhuanjiao2脚尖的骨骼同一方向上。

项目一 1
项目二 2
项目三 3
项目四 4
项目五 5
项目六 6
项目七 7
项目八 8
项目九 9
项目十 10
项目十一 11
项目十二 12
项目十三 13
项目十四 14
项目十五 15

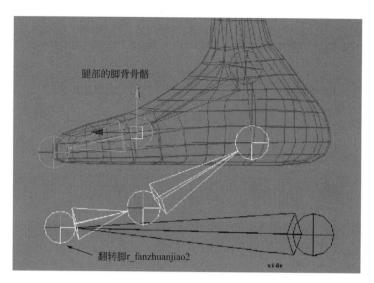

腿部的脚背骨骼

翻转脚r_fanzhuanjiao2

side

图10-24

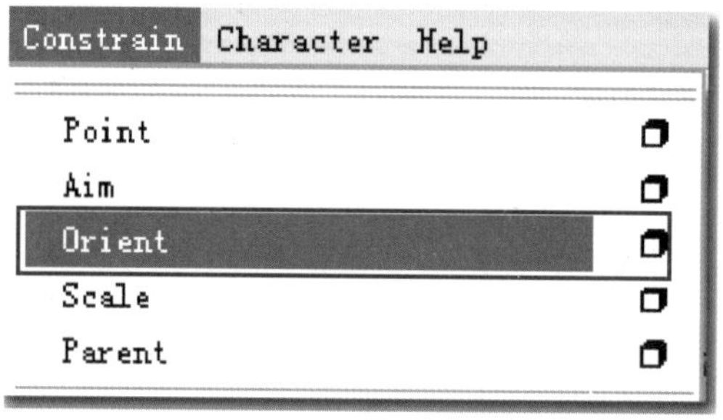

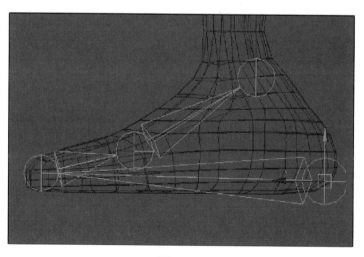

Constrain Character Help

Point

Aim

Orient

Scale

Parent

图10-25

（4）按键盘的"W"键，选择翻转脚r_fanzhuanjiao1的根骨骼，向上移动使其与腿部骨骼重合，这样控制腿部骨骼就可以通过选择并移动翻转脚r_fanzhuanjiao1实现了（图10-26）。

图10-26

分析：由于另一条腿的骨骼系统与创建好的骨骼系统完全一致，因此只需要将已经创建好的腿部骨骼系统及其约束一同复制一个即可。

工具：Outliner 视图大纲、复制工具。

方法：（1）打开 Window/Outliner 视图大纲（图 10–27）。

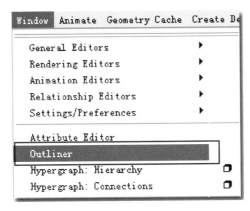

图 10–27

（2）在 Outliner 视图大纲中，选取骨骼 r_foot_kuan、ikHandle1、骨骼 r_fanzhuanjiao1（图 10–28）。

（3）执行 Edit（编辑）/Duplicate Special（复制属性）后的按钮（图 10–29）。

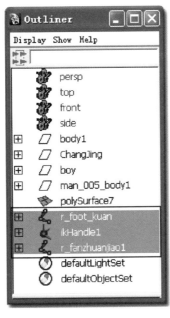

图 10–28

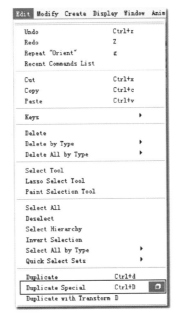

图 10–29

（4）调出Duplicate Special（复制属性）属性面板，进行如图设置。单击Apply应用，复制出另一条腿的骨骼（图10-30）。

（5）将视图切换至正视图，按"W"键，将另一支腿的骨骼移到身体的另一侧（图10-31）。

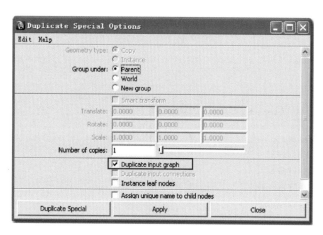

图10-30

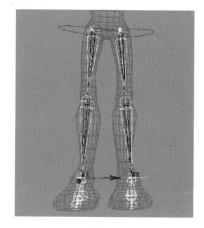

图10-31

10.3 盆骨骨骼的创建

方法：（1）选择Skeleton\Joint Tool（关节创建工具），在弹出的面板中单击"Reset Tool"按钮，将所有的参数还原为默认值。在Joint Settings中将Orientation设为None（图10-32）。

（2）在盆骨位置向上创建一系列关节骨骼pg、yao、bei、bei1、bei2、jing、tou（图10-33）。

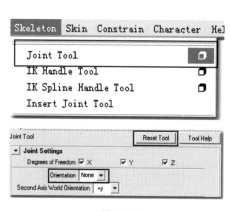

图10-32

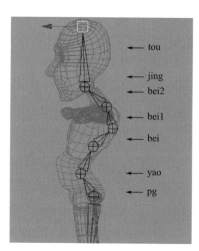

图10-33

（3）按键盘的"↑"键，在颈部的高亮处向上额和下颚处分别设置shange、xiae（图10-34）。

（4）建成的所有的骨骼链如图10-35所示。

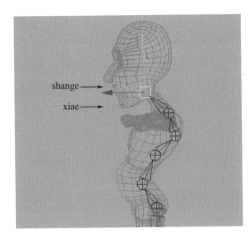

图10-34

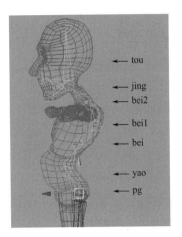

图10-35

10.4 将腿部骨骼与盆骨连接

分析：腿部骨骼的上下前后运动都是由盆骨控制的，因此需要由盆骨控制腿部骨骼的设置。这就需要建立"父子"关系工具。

工具：按"P"键，设置父子关系。

方法：（1）先选择腿部的髋关节骨骼r_foot_kuan，按"Shift"键，加选盆骨的骨骼pg（图10-36），然后按"P"键，将腿部骨骼与躯干骨骼建立父子关系（图10-37）。

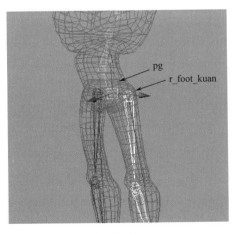

图10-36

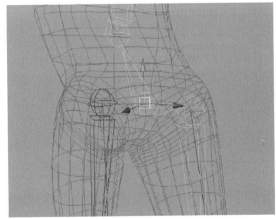

图10-37

（2）用同样的方法将另一条骨骼和盆骨也建立父子关系（图10-38）。

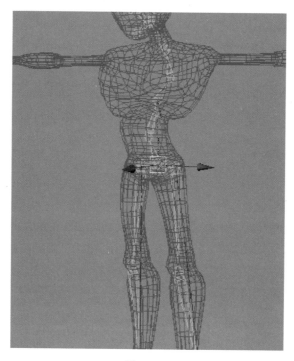

图10-38

10.5 角色"强盗"手臂骨骼的创建

方法：（1）选择Skeleton\Joint Tool（关节创建工具），在弹出的面板中单击"Reset Tool"按钮，将所有的参数还原为默认值。在Joint Settings中将Orientation设为None。在顶视图和正视图中找到肩膀的位置，并在顶视图中创建手臂骨骼，即依次为肩膀、肘关节、腕关节、手掌、拇指的两个关节，按"↑"键，至手掌再接着创建食指、无名指等（图10-39）。

（2）选择Skeleton\IK Hand Tool ，单击肩膀骨骼和手腕骨骼为手臂加IK（图10-40）。

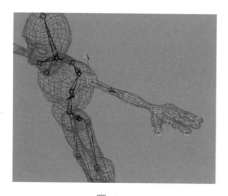

图10-39

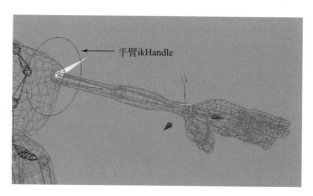

图10-40

分析： 首先将手臂骨骼与胸骨之间建立父子关系，并且为手臂以胸骨自身为坐标轴建立镜像，这样就可以复制一个在对称位置上完全一致的手臂，如镜子中的倒影。

工具： 骨骼镜像命令。

方法：（1）先选择肩膀的根骨骼，按"Shift"键，加选胸骨的骨骼（图10-41），然后按"P"键，将手臂骨骼与躯干骨骼建立父子关系（图10-42）。

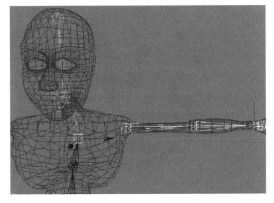

图10-41   图10-42

（2）选择手臂的根骨骼（肩膀，图10-43），执行Skeleton\Mirror Joint后的按钮（图10-44）。

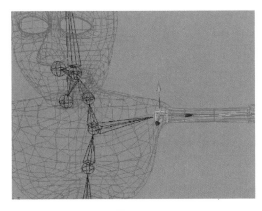

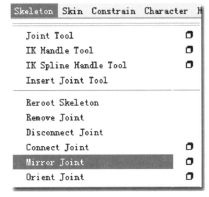

图10-43   图10-44

调出 Mirror Joint 属性面板，选择 Mirror across 中的对称轴向（图 10-45）。对手臂的骨骼进行镜像（图 10-46）。

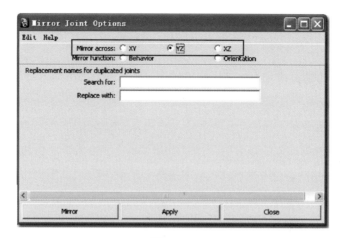

图 10-45

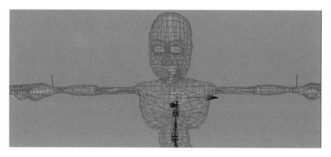

. 图 10-46

项目十一

角色"强盗"的翻转脚骨骼驱动设定

● **学习目标** | 为角色"强盗"的翻转脚骨骼设定驱动与被驱动

● **工作任务** | 设定角色"强盗"的翻转脚骨骼

任务分析：要设置角色"强盗"的脚部的翻转，可以通过设置r_fanzhuanjiao1
的属性驱动骨骼r_fanzhuanjiao2、骨骼r_fanzhuanjiao3的旋
转完成。

相关知识：为物体添加属性、设置驱动。

具体步骤：

11.1　为翻转脚骨骼r_fanzhuanjiao1添加属性

方法：（1）选择翻转脚骨骼r_fanzhuanjiao1（图11-1）。
（2）选择Modify（修改）/Add Attribute（增加属性），调出增加属性面板（图11-2）。

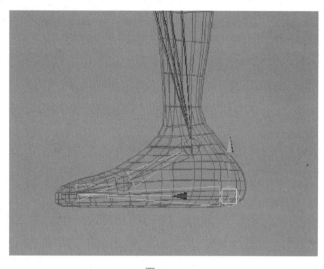

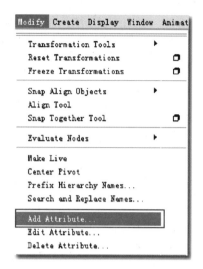

图11-1　　　　　　　　　　　　　　　　　图11-2

（3）将增加属性面板中的数值改为如图11-3设置，并按"Add"，为翻转脚骨骼r_fanzhuanjiao1添加属性。

（4）添加之后，翻转脚骨骼r_fanzhuanjiao1的属性中会增加一个名为"Fanzhuan"的属性（图11-4）。

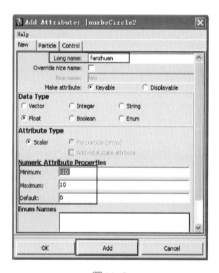

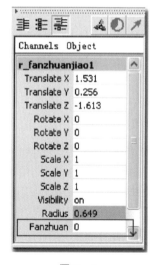

图11-3　　　　　　　　　　　图11-4

 将翻转脚骨骼r_fanzhuanjiao1设置为驱动，将r_fanzhuanjiao1、r_fanzhuanjiao2、r_fanzhuanjiao3设置为被驱动

方法：（1）选择Animate（动画）/Set Driven Key（设置驱动动画）/Set（图11-5）。

（2）调出Set Driven Key面板（图11-6）。

（3）选择翻转脚骨骼r_fanzhuanjiao1，单击
Load Driver（载入驱动）将骨骼r_fanzhuanjiao1
载入驱动（图11-7）。

（4）选择翻转脚骨骼r_fanzhuanjiao1，按"Shift"
键加选骨骼r_fanzhuanjiao2、r_fanzhuanjiao3，单击
Load Driven（载入驱动）将骨骼r_fanzhuanjiao1、
r_fanzhuanjiao2、r_fanzhuanjiao3载入被驱动（图11-8）。

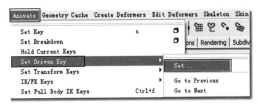

图11-5

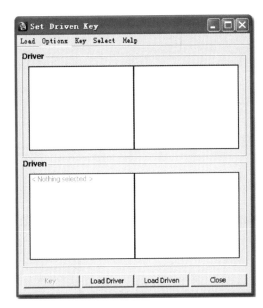

图11-6

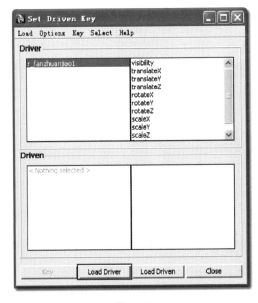

图11-7

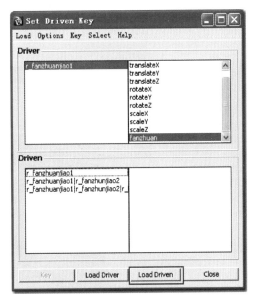

图11-8

11.3 设置翻转脚骨骼r_fanzhuanjiao1、r_fanzhuanjiao2、r_fanzhuanjiao3在r_fanzhuanjiao1的Fanzhuan属性范围内旋转

方法：（1）① 在Set Driven Key面板中，依次选择r_fanzhuanjiao1，属性fanzhuan，将Fanzhuan的数值设为0（图11-9）。

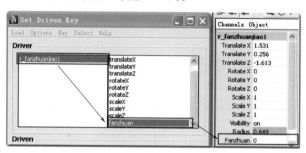

图11-9

② 在Set Driven Key面板中，依次选择r_fanzhuanjiao1，属性rotate X，将骨骼r_fanzhuanjiao1在Rotate X的旋转设为0，单击"Key"（图11-10）。

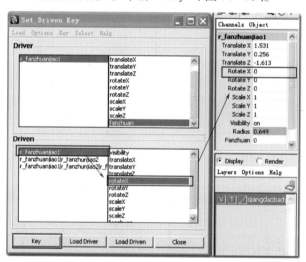

图11-10

③ 其脚部的骨骼如图11-11所示。

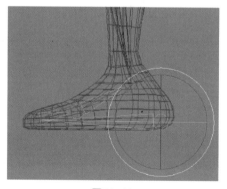

图11-11

（2）① 在Set Driven Key面板中，依次选择r_fanzhuanjiao1，属性fanzhuan，将Fanzhuan的数值设为−10（图11−12）。

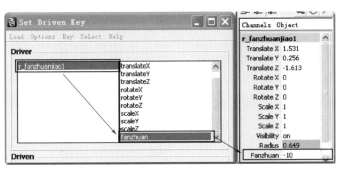

图11−12

② 在Set Driven Key面板中，依次选择r_fanzhuanjiao1，属性rotate X，将骨骼r_fanzhuanjiao1在Rotate X的旋转设为−25，单击"Key"（图11−13）。

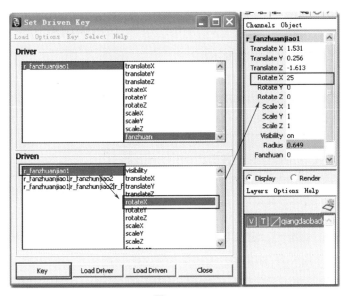

图11−13

③ 其脚部的骨骼如图11−14所示。

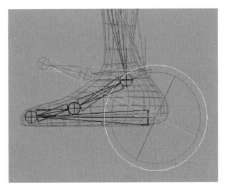

图11−14

（3）① 在Set Driven Key面板中，依次选择r_fanzhuanjiao1，属性fanzhuan，将Fanzhuan的数值设为10（图11-15）。

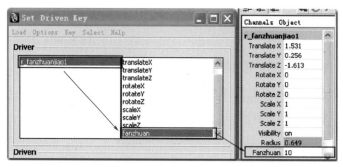

图11-15

② 在Set Driven Key面板中，依次选择r_fanzhuanjiao1，属性rotate X，将骨骼r_fanzhuanjiao1在Rotate X的旋转设为20，单击"Key"（图11-16）。

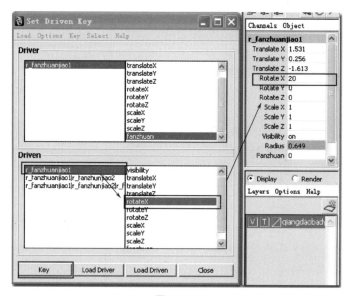

图11-16

③ 其脚部的骨骼如图11-17所示。

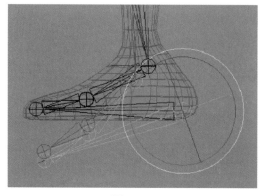

图11-17

（4）① 在Set Driven Key面板中，依次选择r_fanzhuanjiao1，属性fanzhuan，将Fanzhuan的数值设为0（图11-18）。

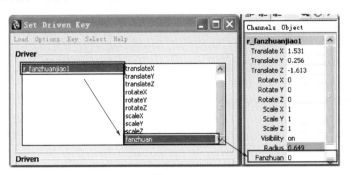

图11-18

② 在Set Driven Key面板中，依次选择r_fanzhuanjiao2，属性rotate X，将骨骼r_fanzhuanjiao2在Rotate X的旋转设为0，单击"Key"（图11-19）。

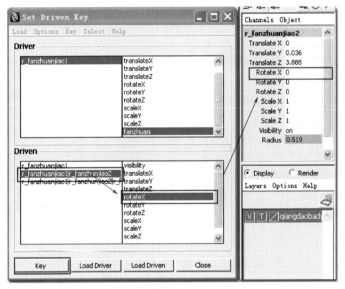

图11-19

③ 其脚部的骨骼如图11-20所示。

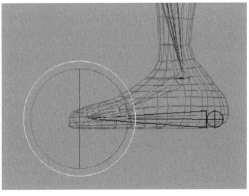

图11-20

项目一 1
项目二 2
项目三 3
项目四 4
项目五 5
项目六 6
项目七 7
项目八 8
项目九 9
项目十 10
项目十一 11
项目十二 12
项目十三 13
项目十四 14
项目十五 15

（5）① 在Set Driven Key面板中，依次选择r_fanzhuanjiao1，属性fanzhuan，将Fanzhuan的数值设为-10（图11-21）。

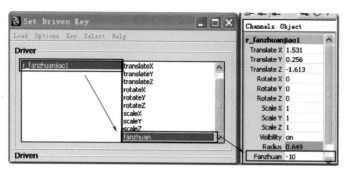

图11-21

② 在Set Driven Key面板中，依次选择r_fanzhuanjiao2，属性rotate X，将骨骼r_fanzhuanjiao2在Rotate X的旋转设为0，单击"Key"（图11-22）。

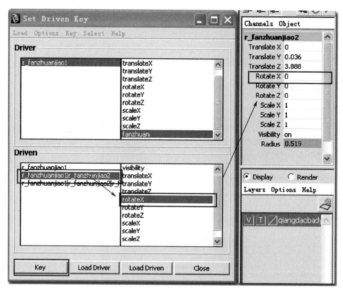

图11-22

③ 其脚部的骨骼如图11-23所示。

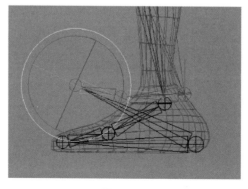

图11-23

（6）① 在Set Driven Key面板中，依次选择r_fanzhuanjiao1，属性fanzhuan，将Fanzhuan的数值设为10（图11-24）。

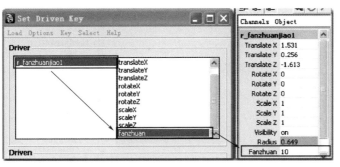

图11-24

② 在Set Driven Key面板中，依次选择r_fanzhuanjiao2，属性rotate X，将骨骼r_fanzhuanjiao2在Rotate X的旋转设为20，单击"Key"（图11-25）。

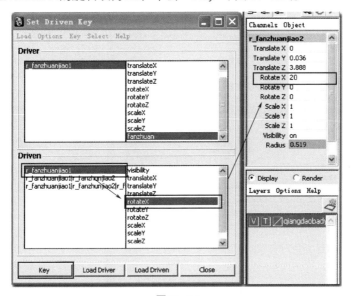

图11-25

③ 其脚部的骨骼如图11-26所示。

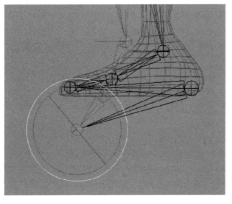

图11-26

（7）① 在Set Driven Key面板中，依次选择r_fanzhuanjiao1，属性fanzhuan，将Fanzhuan的数值设为0（图11-27）。

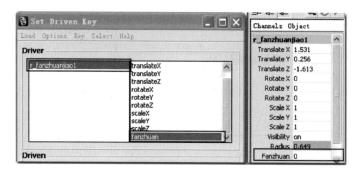

图11-27

② 在Set Driven Key面板中，依次选择r_fanzhuanjiao3，属性rotate X，将骨骼r_fanzhuanjiao3在Rotate X的旋转设为0，单击"Key"（图11-28）。

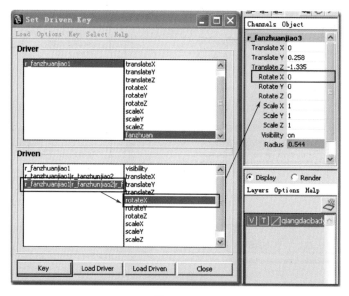

图11-28

③ 其脚部的骨骼如图11-29所示。

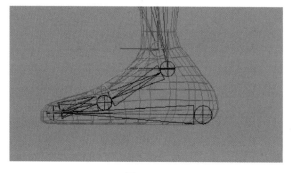

图11-29

（8）① 在Set Driven Key面板中，依次选择r_fanzhuanjiao1，属性fanzhuan，将Fanzhuan的数值设为−10（图11−30）。

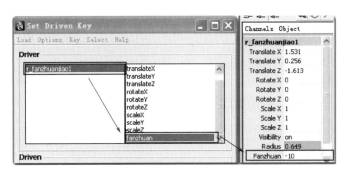

图11−30

② 在Set Driven Key面板中，依次选择r_fanzhuanjiao3，属性rotate X，将骨骼r_fanzhuanjiao3在Rotate X的旋转设为0，单击"Key"（图11−31）。

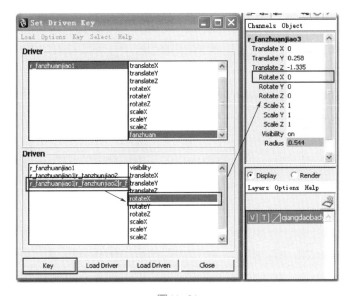

图11−31

③ 其脚部的骨骼如图11−32所示。

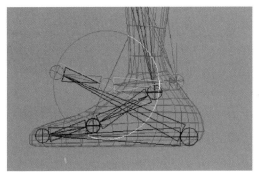

图11−32

（9）① 在Set Driven Key面板中，依次选择r_fanzhuanjiao1，属性fanzhuan，将Fanzhuan的数值设为10（图11-33）。

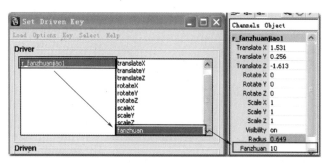

图11-33

② 在Set Driven Key面板中，依次选择r_fanzhuanjiao3，属性rotate X，将骨骼r_fanzhuanjiao3在rotate X的旋转设为35，单击"Key"（图11-34）。

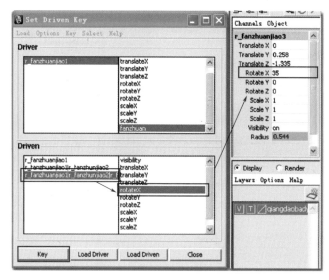

图11-34

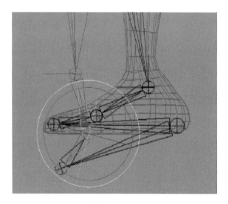

图11-35

③ 其脚部的骨骼如图11-35所示。

选择r_fanzhuanjiao1，单击属性fanzhuan，按鼠标中键，在界面中拖拽，可以看到脚部骨骼在翻转脚的约束下可以自由翻转。

注：为另一只脚的翻转脚设置驱动和被驱动，方法同11.3节一样。

项目十二

角色"强盗"表达式动画设置

学习目标 掌握行走的表达式动画制作方法

工作任务 设置角色"强盗"骨骼的行走表达式

任务分析：角色的行走是由左脚、右脚和盆骨的位移共同完成的，其中盆骨的位移是左脚位移加右脚位移的和的一半，因此可以通过输入表达式去命令左脚、右脚和盆骨的骨骼完成以上动作。

相关知识：表达式动画。

具体步骤：

方法：（1）在 Outliner 视图大纲中，选择骨骼 pg（图 12-1）。

（2）按键盘的"Ctrl+G"键，为 pg 这套骨骼打组 Group1 并重命名为 pg1（图 12-2）。

（3）选择 Animation（动画）/Animation Eidtor（动画编辑）/Expression Eidtor（表达式编辑）调出表达式编辑面板（图 12-3）。

（4）按照如图 12-4 所示填写。

图12-1

图12-2

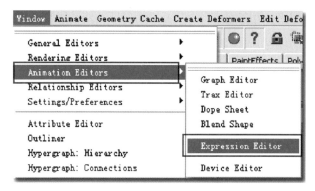

图12-3

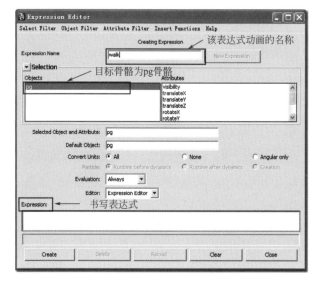

图12-4

（5）其表达式的书写为

pg1.tx=（r_fanzhuanjiao1.tx+l_fanzhuanjiao1.tx）/2

其含义为盆骨的在x轴的位移等于左脚x轴的位移加右脚x轴的位移之和除以二，即盆骨的位移是左脚的位移加右脚的位移之和的一半。

（6）同样的方法书写在其他轴向位移的表达式，其含义同上。

pg1.ty=（r_fanzhuanjiao1.ty+l_fanzhuanjiao1.ty）/2

pg1.tz=（r_fanzhuanjiao1.tz+l_fanzhuanjiao1.tz）/2

（7）骨骼组pg1在手臂两侧方向的旋转也是等于左脚和右脚旋转的一半，因此表达式的书写为

pg1.rz=（r_fanzhuanjiao1.rz+l_fanzhuanjiao1.rz）/2

注：在书写骨骼组pg1旋转的表达式时，为了确定其旋转轴向是否正确需要对其进行旋转测试，即选择pg骨骼，按键盘的"E"键，测试旋转（图12-5），观察属性面板中哪一轴向的旋转属性发生了变化，那么，表达式的旋转就应写哪一轴向（图12-6）。

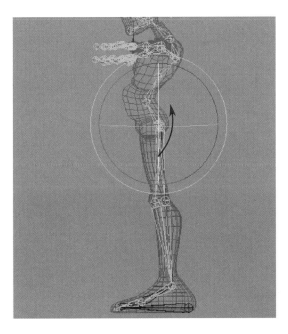

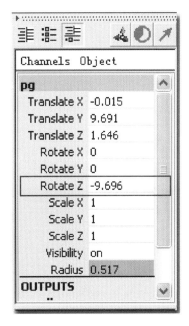

图12-5　　　　　　　　　　　　　　　　　　图12-6

（8）在测试完成之后将表达式填入表达式编辑面板（图12-7），按"Create"键创建完毕，创建完成后，骨骼会产生一定的变形，这是正常的，选择并移动pg骨骼将其调整到正常位置。

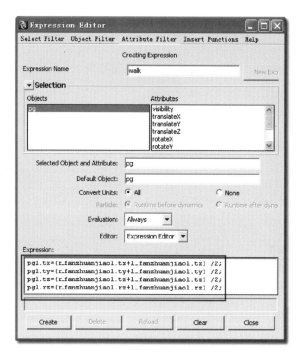

图12-7

（9）按"W"移动键，选择翻转脚r_fanzhuanjiao1向前移动，会发现身体的重心盆骨也随着向前移动，这就是书写以上表达式的作用（图12-8）。

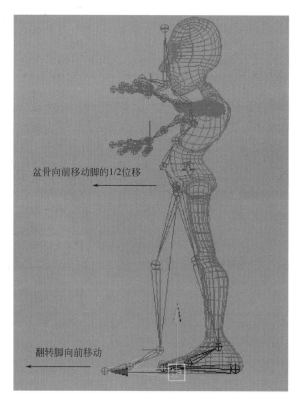

图12-8

项目十三

角色"强盗"骨骼系统的刚性蒙皮

学习目标 掌握角色的刚性蒙皮的方法

工作任务 设置角色"强盗"刚性蒙皮

任务分析：由于在之前的操作中，将角色"强盗"的模型加入了层 qiangdaobady 中，并且线框显示了，因此，在进行蒙皮前，需要将模型实体显示。

相关知识：刚性蒙皮。

具体步骤：

（1）将层 qiangdaobady 前面的"T"取消选择（图 13-1），目的是使模型可以被选择（图 13-2）。

图 13-1

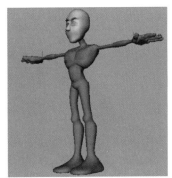

图 13-2

（2）将层qiangdaobady前面的"V"取消选择（图13-3），将模型隐藏显示，仅显示骨骼系统，目的是了方便选择骨骼（图13-4）。

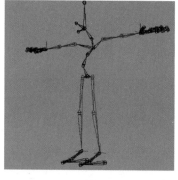

图13-3　　　　　　　　　　　图13-4

（3）选择pg骨骼将角色"强盗"的骨骼系统选中（图13-5）。

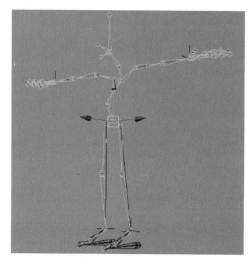

图13-5

（4）将层qiangdaobady前面的"V"选择（图13-6），按"5"键，将模型实体显示（图13-7）。

图13-6　　　　　　　　　　　图13-7

（5）按"Shift"键加选角色"强盗"模型（图13-8）。

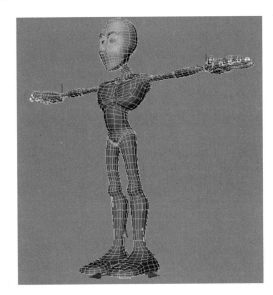

图13-8

（6）执行Skin（蒙皮）/Bind Skin（皮肤蒙皮）/Rigid Bind（刚性蒙皮），对角色"强盗"模型与骨骼进行蒙皮操作（图13-9）。

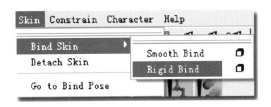

图13-9

项目一 1
项目二 2
项目三 3
项目四 4
项目五 5
项目六 6
项目七 7
项目八 8
项目九 9
项目十 10
项目十一 11
项目十二 12
项目十三 13
项目十四 14
项目十五 15

项目十四

镜头14动画设置

相关知识： 关键帧动画。

具体步骤：

（1）调整角色的脚步位置与分镜头14的角度一致（图14-1）。

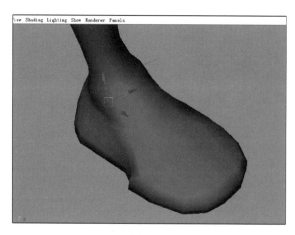

图14-1

（2）将层qiangdaobady前面的"V"取消选择（图14-2），将模型隐藏显示，仅显示骨骼系统，目的是了方便选择翻转脚骨骼r_fanzhuanjiao1（图14-3）。

图14-2

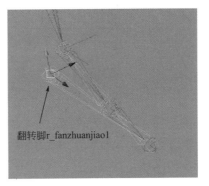

翻转脚r_fanzhuanjiao1

图14-3

（3）将层qiangdaobady前面的"V"选择（图14-4），这样在模型实体的情况下，翻转脚骨骼r_fanzhuanjiao1已经被选择（图14-5）。

图14-4

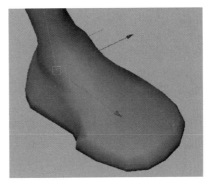

图14-5

（4）计算该镜头的时间为1秒即24帧，脚步的翻转为三次，即每8帧一次。

（5）选择翻转脚骨骼r_fanzhuanjiao1，在其Fanzhuan属性为0时，在时间线上第1帧位置上按"S"键，设为关键帧（图14-6）。

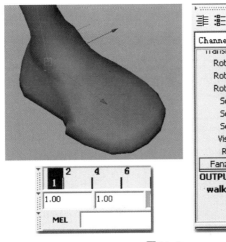

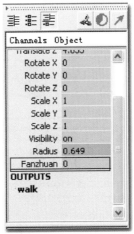

图14-6

（6）选择翻转脚骨骼r_fanzhuanjiao1，在时间线上第8帧位置上，设置其Fanzhuan属性为6，按"S"键，设为关键帧。设置完成如图14-7所示。

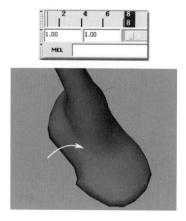
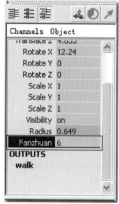

图14-7

（7）选择翻转脚骨骼r_fanzhuanjiao1，在时间线上第16帧位置上，设置其Fanzhuan属性为0，按"S"键，设为关键帧。设置完成如图14-8所示。

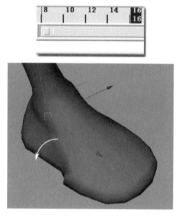
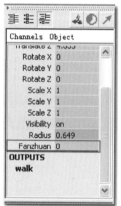

图14-8

（8）选择翻转脚骨骼r_fanzhuanjiao1，在时间线上第24帧位置上，设置其fanzhuan属性为6，按"S"键，设为关键帧。设置完成如图14-9所示。

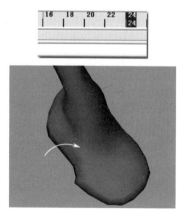
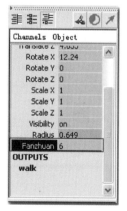

图14-9

项目十五

已经设计好的镜头的批渲染

任务分析：经过以上几个项目的练习，动画已经制作完成了，下面就需要将所做的动画输出来。在 MAYA 中，为了得到高质量的动画，需要将制作的动画进行批渲染，输出序列帧。

相关知识：渲染编辑器、批渲染。

具体步骤：

15.1 设置渲染编辑器

分析：动画序列帧的渲染同渲染单帧类似，都需要预先对渲染编辑器进行设置。

方法：（1）选择渲染编辑器 。

（2）调出渲染编辑器（图 15-1）。

（3）设置渲染编辑器中的各项参数（图 15-2）。

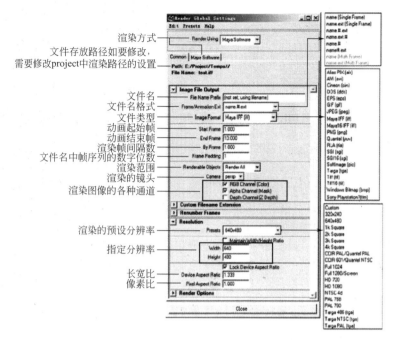

图 15-1

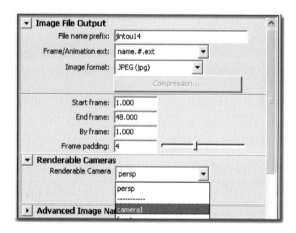

图 15-2

① 在 File Name Prefix（文件名）中填入 jingtou14，这样在渲染出的图片中就会有 "jingtou14…."的字样，以便于编辑。

② 在 Frame/Animation Ext（帧序）中选择 name.#.ext，该选项能够保证渲染后生成的图片为序列帧。

③ 在 Image Format 中选择，所生成的图片的格式 .JGEG 等。

④ 由于镜头 14 中，摄影机运动了 2 秒即 48 帧，因此在 Start Frame、End Frame、By Frame 中分别填入起始帧 "1"、结束帧 "48"、每隔 "1" 帧渲一张。

⑤ 在 Frame Padding（文件名中帧序列）选项中填入 4，以保证所生成的图片为序列帧。

⑥ 由于镜头 14 是使用摄影机在 Camer1 拍摄的，因此在 Renderable Camer 中，要选择 Camer1。

⑦ 其他选项同渲染单帧时的设置方法是类似的，在这里就不赘述了。

分析：在对镜头14进行一系列设置之后就可以进行批渲染了。

方法：（1）在渲染模块下，选择Render/Batch Render（批渲染）即可（图15-3）。

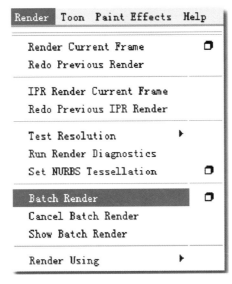

图15-3

（2）在执行完之后，MAYA会在后台开始进行批渲染，为了检查批渲染是否完成，可以单击界面右下角的动画进程看一下（图15-4）。单击后会调出Script Editor面板显示处理器已经渲染了几帧。

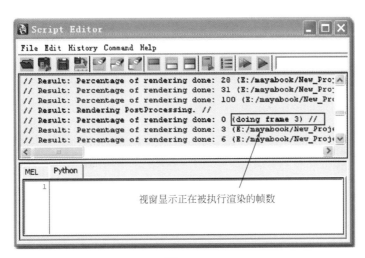

视窗显示正在被执行渲染的帧数

图15-4

（3）同理，用同样批渲染设置方法，完成动画的渲染。

参考文献

[1] 尹武松. Maya2010 动画制作标准教程. 北京：科学出版社，2010.

[2] [美] AutodeskMayaPress. Maya2009 经典教程高级篇. 李光杰，孟宪瑞，红然. 北京：人民邮电出版社，2010.

[3] 杨桂民. Maya2010 动画制作高手之道特效卷. 北京：人民邮电出版社，2012.

[4] [美] 弗拉克斯曼. Maya 角色建模与动画. 訾舒丹，张星海译. 北京：中国科学技术出版社，2010.

[5] 杨絮. Maya 动画制作实战技法. 北京：中国铁道出版社，2010.

[6] 张宇. 游戏动画设计. 北京：海洋出版社，2006.

[7] 吴冠英. 动画造型设计. 北京：清华大学出版社，2003.

[8] 祝卉. 动画分镜头设计. 北京：清华大学出版社，2005.

[9] 孙立军. 影视动画影片分析. 北京：海洋出版社，2006.

[10] 陈明. CG 电影生产流程与管理. 北京：海洋出版社，2006.